找回臺灣番薯根

蔡宏進 著

細說失落的傳統農業工作與農村生活的點滴，與大家一起回味，共同勉勵，

期能重建番薯子女的本色，使我們的社會發展能更加踏實堅固，永生不滅。

自 序

番薯是臺灣的圖騰與象徵，也是臺灣居民長期的最重要主食。臺灣的地圖像一顆大番薯，臺灣的人民被稱為番薯仔，番薯都因有根才能茁壯。傳統農業與農村是臺灣的根，歷史上很長的時間臺灣靠農業與農村利基生根，農業在農村中經營成長，農村生活由農業工作所構成，農業工作與農村生活結合成大多數人不可分割的安生立命之根本，使臺灣子民在這孤島上長久生存並且壯大。

臺灣自從工業化與都市化以後，經濟發展了，社會卻變成虛浮，傳統農業與農村生活逐漸沒落，象徵臺灣的根不斷在萎縮。但臺灣的子民不能遺忘根本，很必要找回自己的根，仔細加以體會，從中尋回刻苦耐勞堅忍不拔的精神，以及自然厚道與樸實的德性。

我本著愛護臺灣之心，尋找與珍惜我們的根，在本書中細說失落的傳統農業工作與農村生活的點滴，與大家一起回味，共同勉勵，重建番薯子女的本色，使我們的社會發展能更加踏實堅固，永生不滅。

本書是《追憶失落的臺灣農業與農家生活：近代臺灣農業史》一書的增訂與更新版。該書原於 2013 年由巨流圖書有限公司出版，今能由方集出版社更新，再呈現於讀者面前，對兩者的愛護與協助，敬表致謝之意。

謹識於臺北

目　次

上 篇　農業工作

第一章 栽種與收割首要作物水稻

稻米是臺灣最主要的農業生產，也是人民最重要的主食，幾乎所有的農民與農地都種植過稻米。我在小時候，對於這種工作也相當熟悉，而今追憶起來，特別情意濃密。本書開頭第一章，乃對於此種臺灣第一號農作物的相關工作與生活做一回顧。由此也可深深體會到此種農作物與臺灣這塊土地及土地上的農家及農民的不可分割性。

種田青等綠肥作物

田青曾經是種水稻前最普遍的綠肥作物，而今已不再有所見，一來因為水稻種植面積銳減，二來是有多種綠肥作物可替代，重要新綠肥作物有虎爪豆、黃花油菜及波斯菊等。

田青是一種高莖細長的綠色植物，成長速度快，約兩至三個月時間，即可長至高過人頭。農民在種植水稻之前先用鐵耙將田青壓倒在地面，再經水牛犂田翻土，將其埋在土中任其腐爛成為肥料。田青長有根瘤，含有豐富氮肥，適合助長水稻，故為稻農喜愛種植。

田青園呈現一片深綠的顏色，長相與黃麻類似，但兩者用途有重要的差別，黃麻供作剝皮製麻之用，田青則是用做肥料為目的。田青葉上容易生小毛蟲，觸及皮膚會使人發癢。田青園的重要生態是孕育蟋蟀、蟾蜍、與蛇類等動物，農村的小孩常至田青園中捉蟋蟀，供作互鬥之用，但也常會遭遇毒蛇及毛毛蟲傷害的危險。

以田青做為綠肥，農民插秧時常因赤腳而會被埋在土中折斷的田青刺傷。後來逐漸少種，至今已幾乎絕跡，或許是因為其會傷人之故。後來新培育了虎爪豆，這是一種爬在地面的新作物，較多當作甘蔗的綠肥，但也有用作稻田綠肥者。

黃花油菜及波斯菊是晚近才推廣新種的綠肥作物，經過開花後翻土覆蓋成肥料。到了種植黃花油菜與波斯菊的時期，臺灣農業機械化的程度已較高，翻土整地不再用水牛拖拉犁耙，而是使用動力的耕耘機操作。田園景觀已有了重大改變，土壤因為使用太多農藥，已不見蚯蚓、青蛙、蟋蟀等多種昆蟲。故在壓倒綠肥作物整地時，也不再見有白鷺鷥、喜鵲等鳥類光顧田中尋食。田中也少見兒童追逐飛鳥或青蛙等樂趣的場面。農耕工作雖然更為省力，但趣味卻也減少了。

大豆也被農民當作綠肥作物種植。約到民國八十年代政府實施農地休耕政策以後，不少農會推廣種植大豆當作綠肥，於其長高未十分成熟前，即打翻入土中當成肥料。大豆原來是嘉南平原一帶的重要傳統雜糧，農民種植可以賣錢並自做豆腐。後來臺灣食用的大豆改由取用進口者，臺灣農民也逐漸放棄耗費人力工時的大豆種植，只當作綠肥作物處理。

整地

種植水稻之前必須要經過整地的過程，在未機械化之前，整地過程要借助牛及犁耙。到了機械化時期，則借助動力耕耘機。整地的重要步驟有三項：第一是將綠肥作物推倒或砍斷後覆蓋在地面下，使其腐爛；第二是將地面整平，方便插秧及往後灌溉、除草、施肥與收割等作業；第三是將水田灌溉後再用木板將濕地推得更為平坦，以利插秧工作。以上三個步驟多半常連成一氣完成，緊接著是插秧播種。也有農民因調節工作時間，在完成第二步驟之後數日，再開始第三步驟。

插秧

臺灣在水利發達之前，先是栽種在來種的秈稻。但自從水利工程發達以後，可引用水庫的水灌溉，乃普遍改種蓬萊稻或粳稻。嘉南平原普遍有水利灌溉始於1930年完成烏山頭水庫。灌溉農田遍及雲、嘉、南各縣市，面積共約六十九萬餘公頃。嘉南平原農地的灌溉係三年一輪，輪到種植水稻時，水庫供水灌溉，若有餘水也開放供應甘蔗田及雜糧田灌溉之用。

稻田供水系統設有灌溉制度與規矩，由各地水利工作站精細安排每塊田地的灌溉時間，事先發單通知田主按時灌溉，每日二十四小時放水，灌溉時間日夜不停輪流。插秧前灌水都能準時將稻田灌滿圳水，便於整平田地，並進行插秧。農民插秧時常組隊進行，並以長竹竿規範秧苗的標準間距。

插秧是一種團隊的作業過程，一小隊共由四人組成。有些隊伍是由家庭人工及幫忙的鄰人所組成。有些隊伍則由賺工資的雇農所組成。插秧時要有一位挑擔秧苗者，先將一片片的秧苗丟放在適當的位置，使插秧者可以方便取得秧苗。同組的插秧者動作的速度要相同，若有較緩慢者，即會影響其他人的工作。經過使用竹竿的規範，秧苗間隔相等，排列整齊劃一。此種人工插秧的方法約延用數十年之久，直到約到民國六十年代，改用耕耘機播種，人工插秧才逐漸消失。

插秧是一種費力辛苦的工作，插秧者全程都要彎腰，雙腳浸在泥土中工作。連續工作數日之後，腳趾常會出現紅腫潰爛的情形，腳傷的農民買不起藥物，也無良藥可買，常用一種多汁的野草敷用。在田間工作的農民體力的消耗量很大，肚子容易饑餓，故在插秧作業時，主人必要準備點心，形成一種習慣。主人家中通常要有一位婦人留在廚房準備食物，約於工作的半途，將點心送到田間。點心種類最常是米粉湯或竹筍粥，供插秧者果腹充饑，點心的材料並不昂貴，但巧婦都能煮得香氣撲鼻，味道鮮美。田裡的農人吃了可增加力氣與精神，繼續工作到日正當中或天色昏暗時才收工。

灌溉

在嘉南平原輪作區種稻，一年只能一季。插秧約在農曆四、五月時，到八、九月收成。插秧時，田裡要先灌水，而後播種。約經過一週左右，田裡的水就會乾枯，必要再加灌溉給水，新種的秧苗才不致枯死，也才能生長。故自從插秧開始，水利會就給每塊稻田排定灌溉時程，以單張通知田主，農民必須按時至田間灌水，不能提早，也不能遲到。故農民對於灌溉時間都很守時，輪到夜間灌溉，也一定要準時到位。

水在雨多時並不希罕，也不珍貴，但在乾旱時卻極寶貴。因此，稻農對於灌溉水都很珍貴視之，極為愛惜。對於愛惜之物，就會保護與爭取，故也容易與他人爭吵。輕者吵架，嚴重者則可能打架，很傷和氣。因水而爭吵的人，常是田地相鄰者，或田地位處在溝渠的上游與下游的農民之間。

巡水

巡（查）水是水利會的組織結構下的一種職務。約在數十或上百公頃的給水區，水利會就會聘僱兩、三位臨時輪流工作的巡查水的人員，其主要角色與職務與工作包含下列數種：第一，監督不被盜用水；第二，修補老鼠洞等漏水之處；第三，幫助農民灌溉，或通知其按時前來灌溉；第四，調解農民之間因灌溉用水引起的糾紛。

巡查水的工作相當辛苦，常要在夜間出門，也常會因為阻止人盜水而遭受粗暴的攻擊，多少也有危險性。故在選拔時常以身體強壯者為錄用條件。

除草

水稻成長期共約四、五個月時間，農民需在田間連續從事除草、噴藥與施肥等三項工作。這三種工作也都很辛苦，或有危險性。所謂「誰知盤中物，粒粒皆辛苦」，也包含這三種辛苦的工作在內。

稻田中的雜草耗水性強，許多種雜草與水稻競吸水分與肥料，阻礙水稻的成長，故必須拔除。傳統習慣性的工作方式，都由人工下田辨認野草，給予拔除。多半的農家都會發動全家大小，一齊下田除草。但在忙不過來時，也會雇工幫忙。

除草工作都要下田彎腰，用手拔除。水田的土壤鬆軟，拔草並不必很費力。但在大太陽下，田裡的水很燙，很容易燙傷手腳。稍長的秧苗，葉子尖利，也容易刺傷臉部或雙手。皮膚體質較差的農民，為了除草，手腳紅腫潰爛受傷者比比皆是。

我在小時，常要受命與大人一齊下田，在大太陽下除草，全身都很熱，常盼望有烏雲可以遮住陽光，但少能順從人願。太陽常從早上炎熱到中午，又從午後炎熱到黃昏。除草時，工作者並無點心可吃，只能有水解渴。水壺通常放在稻田一端的田埂上，口渴想喝水必須工作到告一段落。如果攜帶的開水不夠喝，口渴了有兩個辦法解決，一個方法是忍耐不喝，另一方法是就近找生水喝，後者是很危險的做法，很容易喝出胃腸病來。但當口渴得難耐時，常會顧不了許多。

噴藥

水稻的生長期間是在炎熱的夏季，很容易患上病害與蟲害，最常見的病害是稻熱病，蟲害則有許多種，若不防治，必會傷及稻梗及稻穗，終會沒有收成或收成不佳。防治病蟲害的習慣方法是噴灑農藥。

在臺灣，農藥的使用，已到了較晚時期。在農藥尚未普遍使用前，農民曾忍受很長一段時間的減產與歉收。到了化學農藥較發達的時期，農民用藥越用越多，不但毒害了田間的病害與蟲害，必然也毒害稻穀的米粒，甚至還常見傷害了噴灑藥農民自己的健康與生命。

在田間噴藥的農民，在幾種情況下都有中毒的危險性：第一是未用適當口罩防護；第二是使用藥物的毒性太強；第三是工作時間過長；第四是身體較為虛弱者。在這些情況下，中毒甚至致死者常有所見所聞。

稻田噴灑農藥之後，收成的稻穀米粒含有毒性，消費者食用之後，對健康也必有損傷。若因毒性較為間接輕微，未必即刻反應，因此也未受到重視。田地經過用藥之後，不僅污染當季的稻穀，也可能長期永續污染下去。往後種植其他作物，都免不了會有毒性。

自從農民使用大量農藥之後，田間的許多生物逐漸少見或不見了。地裡再也看不到可以翻土的蚯蚓，田裡再也看不到吃蟲的青蛙。稻穀收成時，再也看不到蝗蟲亂飛，也因此見不到小孩子在稻田中捕捉蝗蟲的樂趣。

農藥普及之後，農村中使用農藥自殺輕生的事件也常有所聞。農家存放農藥太普遍，對有自殺意圖的人，常防不勝防，實在是農業科技進步過程中的一大諷刺與悲劇。

施肥

水稻是一種很好肥料的農作物，下種之前先要埋下綠肥，之後又需要施用多次的追肥或化學肥。秧苗常要多次施用氮磷鉀三合一肥料，其中氮肥含量較多，約 30-40%，鉀肥次之，約 20-40%，磷肥較少，約 5-20%。總施肥量及不同元素之比例,依田地土壤性質不同及水稻生長期不同而異。

肥料的來源有很長的一段時間以稻穀交換得來，也即經由「肥料換穀制度」取得。肥料換穀制度的公平性曾經備受農民存疑，農民的負擔相對較重。直到後來政府取消此種制度，農民才覺得較為公平合理。

農民施肥之後，最擔心天空下起大雨，此時肥力尚未被水稻吸收，大部分流失掉。因此農民都避免在下大雨之前施肥。但當時的氣象預測資料不發達，農民對於天氣的變化未能事先得知，因此常會損失慘重。

農民施用肥料的知識與技術，多半得自上一代口授，有些則由自己摸索，或經改良場及農會推廣人員的輔導得知。肥料商人也常扮演農業推廣人員的角色，給農民知識上的教育與指導。

收割

水稻經過辛苦栽種照護之後，結穗成熟了，接著就要收割。農民收割水稻時，如果稻穗飽滿豐收，就很喜悅，如果因為結穗時遇上颱風或遭遇嚴重的病蟲害而歉收，也就高興不起來。

在傳統人工農法的情況，收割稻穀必須是團隊作業。農民經常互相幫忙，以鄰居或親戚為交換基礎，湊成一個工作團隊，有人割稻，有人踩踏脫穀機,有人將脫落的穀粒裝袋並運輸。主人家要有一位婦女負責煮點心，並挑至田中，供工作者填補饑餓的肚子。到了晚上，還得將所有幫忙工作人員，請至家中享用一頓以白米飯為主食的晚餐。

收割時的稻田是乾燥的，在未使用農藥的時期，空中會有蝗蟲亂飛，地上會有青蛙亂跳，農家的小孩常會跟隨在收割隊伍後面捉拿蝗蟲與青蛙。蝗蟲可用火烤後食用，青蛙則可炊煮成桌上物。

在收割的稻田中，也常見拾穗的窮人，跟隨在收割隊伍的後面，撿拾折斷或失落的稻穗，獲量不多，但半天下來有時也可以撿拾足夠煮幾碗米湯之用。這種撿拾遺漏農產品的情形，同樣也會出現在番薯田或蘿蔔田中。有時主人憐憫拾穗者，好意贈送一些稻穗，使其較有可觀的收穫，情景也甚感人。

晒穀

剛收成的稻穀是潮濕的，需要經過數天的日晒處理，而後儲藏起來，才不會腐壞。晒穀場地常設在庭院的泥地或水泥地上，不夠用時，也可能借用道路一角。為能使稻穀晒乾，必要在日正當中的時候用木板釘的耙子將穀子翻開，使能晒得均勻。

晒穀的工作必須在大太陽下進行，容易汗流浹背，不很輕鬆，也常不是小孩的力氣所能為，故多半是由大人操作。到了黃昏，太陽的熱力減弱，必須將尚未晒乾的地上穀粒集中成堆，並用稻草或帆布蓋上，以免受到露水或雨水浸濕，致使白天的日晒效果白費。如果半夜突然下起較大的陣雨，可能必須先將穀粒裝袋，收集到屋裡，隔日太陽出來了再搬出來晒。這種突然變天的情況，真會忙壞農民，很容易使農民受到工作傷害。

進倉

小農家收成稻穀的數量不多，以每分地平均產七、八百斤計，若有數分或一甲地以上的稻田，也可收穫上千臺斤或更多。稻穀收割、脫粒並晒乾之後，就得進倉儲存。過程是從晒穀場將稻穀裝入布袋後以人工背負或由兩人抬到穀倉存放。農家的穀倉通常是設在一處較不重要，也較陰暗的室內。房間內可能搭架地板，防止潮濕。也有農家在室外置放一個竹編的大笳笼當為置放乾燥的穀物之用。穀倉的穀粒很容易被老鼠偷吃，故每一農家多半都養貓來對付老鼠，減少糧食被偷吃損壞。

稻穀進倉的工作常要考驗農民的體力，農村少有運動比賽的活動，卻常以背負穀袋重量來測試農民體力的大小。體力強者可單獨背負，且背負的袋子也較大，一口氣可背負的數量也較多。體力強的男人，不僅理所當然要擔任背負自家的穀袋，也常會自動協助，或被鄰居、親戚請去幫忙背負穀袋的工作。背負能力強者也常會傳遍村中，成為強壯男人的楷模。

販賣

農民種植稻米有兩個用途：一是用來賣錢當為家用；二是自己食用。不少小農或貧農，因為家中少有其他收入，需要用錢也缺錢時，就要變賣家中存有的少量稻穀。變賣太多了，自己存糧不足，只好多吃乾燥的番薯簽，也許加點米粒，也可能不加。種稻忙碌了一陣子，卻無法保障一年到頭可以吃飽米飯。自己種的稻米賣給他人吃的多，自己留用的少，且常不足，這是臺灣小農的一般寫照。因此十個中有八個農民都會感到命苦。若能有微笑快樂，也都是苦中作樂，或有樂天知命的個性、修養與無奈。

到農家買稻穀的商人多半是些熟悉認識的在地小販，也有來自鄰村或附近者。在鎮上經常也會有幾家固定的糧商，收購農家生產的農產品。有時農民也將稻穀等農產品送至趕集市場販賣。

農民販賣稻穀時，都略懂一些供需與價格變動關係的原理，若能存到市場缺貨時，售價一定會較高，同樣重量的穀子可多賣一些錢。但也常因為子女註冊或家人生病等急需現金的情況，不得不將家中僅能變成現金的稻穀等農產品，賤價急售。這也是農家生活無可奈何之處。

碾米與消費

農家自用的食米多半是以自產的稻穀送到就近的碾米廠碾過。碾米廠按重量收取工錢，並保留稻殼做為代價。稻的殼可當為多種用途，可當肥料、飼料、燃料，也可用作裝枕頭的材料。

農家消費稻米，除了普遍煮成米飯外，還可做多種用途。包括在過年及重陽節用為祭拜的年糕。糯米則在端午節用作包粽子，以及在中秋節時用為炊麻糬。此外以米為原料，也可製成米粉、粉條、米糕等多種商品食物。

結合自從栽種水稻到米的消費過程，是稻米文化的全部，是臺灣農村文化的重要部分。傳統的稻米文化在臺灣存在很長的時間。到了社會演變成較高度的工商業化與都市化以後，臺灣稻米文化的內涵也發生一些重要的變革。在種植方面變為以機械操作，用機械播種時，使用的秧苗量多，故也發展育苗中心。都市人食米較為少量精緻，因此米的銷售也發展出小包裝型態。又自國際貿易更發達以來，國內市場上也多見自外國輸入各種稻米。各種新品種的稻米也不斷研發，有些稻米顏色鮮豔，有些稻米煮熟時後香氣十足，都使臺灣的稻米文化變為更加豐富，更加多元，也更加充實。食米在整個食物的體系中的比重有減低的趨勢，但食用的方法，卻更加提升與進步。

第二章 種植本土意涵濃厚的番薯

名稱與意義

番薯的英文名為 sweet potato，與西洋人主食的馬鈴薯性質與功用相近，但其甜度較高，故有甜蜜（sweet）的形容，也因此另有甘藷的名稱。此物適合臺灣的水土，歷史上很長的時間曾是島上居民的最重要主食，因此備受臺灣住民的愛護與珍惜，保護不使其根部腐爛，枝葉能茂盛。

「番薯」兩字的由來難以查考，但平地漢人對「番」字有兩種解釋：一種是稱呼早年文化成熟度有異的原住民；另一種是稱呼外來統治者，如日本人。以此推論則番薯有可能是臺灣原住民早已種植的一種農作物，也有可能是由外來統治者所引進者。

本土性作物

番薯適合臺灣的水土氣候，生長速度很快，產量豐富，可養活臺灣人口的數量眾多。除了根部可供人食用外，葉子也可當成蔬菜，並做為豬飼料，其對臺灣人民生計與生活用途甚大。再加以其外形像臺灣地圖，故此物即為臺灣的圖騰象徵。臺灣人民常稱土生土長的人為「番薯仔」，稱戰爭以後來自中國的移民為「芋仔」。番薯與芋頭兩者很像，但有差別，芋頭產量較少，市場上價格較貴，番薯產量較多，市場上的價格較低。在臺灣的社會上，眾多的土生土長的人民其社會與政治地位通常也較低，與番薯在市場上的價格比芋頭較低不無契合之處。

翻土與破土

番薯的種植與生長時期在水稻收成之後，其種植過程都先將收割後的稻田翻土，再破土，而後種植。翻土是將原來較平整，且仍有稻根部的田地用犂翻開，經過數天日晒消毒之後，再將大塊泥土用耙子碎破，使土塊變小，以便利種植番薯的作業。

在稻田被翻開成大土片後，土塊之間空隙很大，很容易藏匿青蛙及蛇類。破土時土片中間的青蛙與蛇會被驚動而紛紛竄出，是農家小孩跟在牛耙後面追捕青蛙的好時機，但也要留心爬行的長蛇。小孩子追捕青蛙時，也是觀察與學習農事的好機會。

栽植與成長

番薯種植的方法是用條播法，先取番薯的莖，切成長約一臺尺的苗。剪成的苗，先經綑綁成束，方便搬移。若置放時間較長，則要浸水或灑水，補充水分，保持活力。種苗種植後，會自動吸收土中的水分，約過兩、三天就可明顯看出其是否成活。

番薯苗種植的位置是在嶺頂，下雨時可免被水浸變成腐爛。生長過程也要有足夠的土壤，包容土中逐漸長大的番薯。農民常在番薯收成之前種下甘蔗苗，當為間作作物，密集使用土地，使兩種作物同時在田間成長。田間多一種作物，消耗的肥料必然會增加，故農民常要施肥補給。等到番薯收成時，將四周的土翻開，取出番薯，並將土堆推向溝中，將原來長在溝中的甘蔗變成位在嶺頂上，使其根部有足夠的土壤供應水分及養分，有利其成長。

番薯的成長速度相當快，栽種不久就能長出許多莖葉。土面成長莖葉的同時，地面下根部也同時在成長番薯。約經四、五個月的成長過程，番薯就可收成，每條約有數兩或一斤以上的重量。原用一條苗長成的一顆番薯，常可同時長出數條不等的番薯，全部重量可多至兩、三斤，甚至更多。因為番薯的產品粗重，價錢通常都很低廉。直到今日，產地價格約只能賣到每斤少於十元以下。越早前，價格越為低廉，也因為價格低廉，農民才能保留較充足的自用量。否則像稻穀的價格較高，農民就會變賣較多，以換取現金支用，自用的部份就常會欠缺不足。

間作與滅鼠

在嘉南平原三年輪作區，栽種番薯的一季最常見田間間作。水稻泡水的時間很長，稻子成長起來也密密麻麻，缺乏空間可容下其他作物。甘蔗是高莖作物，被甘蔗葉遮蓋的地面也不容易成長其他作物。番薯的莖葉蔓延在地面上，在番薯田中間作其他作物，容易照射陽光，故也容易成長。番薯田中常見的間作作物多半屬於矮莖類，包括蘿蔔、花生及豆類等，可與番薯共生，並在前後相差不久的時間內收成。農民在番薯田中多間作一種作物，就能有多一份收成，對於家計或自用，都不無小補。

番薯是老鼠愛吃的農作物，當然老鼠也喜歡啃咬味甜的甘蔗。在農藥不很普遍施用的時代，番薯被老鼠損壞的比率不低，滅鼠也成為農民不可或缺的農場經營與管理之道。農民在未使用農藥時，較常使用以竹材製作的捕鼠器來捕捉老鼠。家中小孩在黃昏時，將捕鼠器置放在番薯田中老鼠出沒的路途上，在捕鼠器中置放一些食物，老鼠貪吃，就會上當，被設計好的繩子套牢頸部就會窒息死亡。置放捕鼠器的農民或小孩於翌日清晨至田間收回捕鼠器，每一具捕鼠器上都能見到一隻大老鼠，故能滿載而歸。捕獲的田鼠多半被人當作食物吃掉。

自從農藥被較大量普遍使用以後，農民對付鼠害的方法改變，常於下種時就將毒藥施放土壤中，讓老鼠不敢接近，或於接近番薯並咬到番薯時即中毒死亡。這種足以毒死田鼠的番薯，讓人吃下肚子也不會健康，並有危險性，只是人吃了不會像老鼠一樣即時翻肚死亡，但慢性中毒，多半難免。但不是每一個農民都會在田間下毒，否則這種曾經養活臺灣許多生靈的糧食，不就變成沒用的毒物了。

收成

收成番薯是很繁忙的工作，通常從田間犁出的番薯，經過集貨過程，搬運到製簽與晒簽場，再用手工去除藤葉及細根，而後將番薯堆放一起，選擇在好天氣的日子製簽並晒乾。晒乾後裝袋，倒進倉庫儲藏，一氣呵成，前後時間一般只需兩天。如果農民種植的土地面積較廣，則要分次收成。有番薯田面積較多的農家，在收穫季節可能都要忙上數週或一個月。

收成番薯的田間工作，都要全家總動員，連小孩都不能例外。一家人分工的情形是父母親先用鐮刀將番薯藤割斷，再由父親用犁將番薯畦上的土壤翻開，使番薯露出土面，婦女與小孩跟隨在牛犁後面採集番薯並送上牛車，以便運離田間。人手缺乏的農家在收成番薯時，常請親戚或鄰居幫忙，加快收成的速度，甚至也有僱用少數幾位雇農幫忙工作的情形。

番薯從田間收成之後，經用牛車載運到製作番薯簽與晒乾的場地。這種場地可能是在農宅的庭院，可能借用路邊一角，也可能在一處暫時閒置的田間，先將土地灑水壓平，方便作業。通常番薯從田間運到晒番薯簽場地時都還有根，必須要先除根，才能將番薯放進機器，碎製成簽。除根的工作通常在傍晚進行，有時在晚飯前，有時在晚飯後。每天除根的番薯量，要足夠製成要晒的簽。農民常常得將從田間運回的番薯一次全部除根，做完工作時，常已至深夜時分，忙了一天的農人才能收工休息。

製簽與儲藏

製造番薯簽（條）的過程通常在清晨天亮的前後進行，時間約一、兩小時不等。農民將番薯經簡易的機器碎成薯條之後，繼之將生鮮薯條撒在地上，使能經烈日的熱能晒乾。為能使新鮮的薯條在一天之內晒乾，農民在中午時分得用掃把將地面上的番薯簽翻轉，加速水分的蒸發。如果陽光強烈，晒一天就能乾燥並進倉儲存。如果陽光不夠炎熱，常要在翌日再晒，直到晒乾時，才能存入倉庫。

農民在收成番薯時約在農曆四、五月間，此時嘉南平原一帶可能會遇梅雨季節。碰到梅雨，就無法收成，田間已成熟的番薯可能腐爛。

在梅雨的天氣，製造與日晒番薯簽的工作是無法進行的。即使只下短暫的西北雨，也會給晒番薯簽工作帶來很大的威脅與不便。撒放在地上的番薯簽，為能不被雨淋泡湯，必須趕緊集中，並用塑膠布覆蓋。在塑膠布尚未問世時，通常用稻草遮蓋，但防護雨水浸透效果較差。這種趕工防雨的情形，會使農人忙得透不過氣，也很容易傷身致病。

農家儲藏番薯簽的倉庫，通常都設在較為閒置不用的房間，要能通風，否則很容易發酵變壞。倉庫的底部最好不要直接與泥土接觸，以防已晒乾的番薯簽吸收泥土的水氣後變壞，因此農家常要在倉庫先墊上木板，與土面隔離。

販賣與食用

農家收成的番薯及番薯簽主要用途有二：一種是變賣成現金，補貼家用；另一種是留著自己使用，供為人食與牲畜的飼料。

有人直接將生番薯在田間就出售，變成現金，稱為賣青，可省下許多後續工作。也有人於製成簽晒乾後，逐漸酌量販賣。通常販賣的價格不高，但因是家中少有可賣成現金之物，農民常不得不將之賤賣。有些農人為能多賣幾個錢，常要用牛車將生番薯或晒乾的番薯簽運送至鄉鎮街上的番薯市販賣。自己運輸可免付運費，但得花上半天時間與不少的氣力。

二次大戰期間及前後，多半的臺灣農民都很貧窮，終年的主食都是晒乾的番薯簽，只在番薯收成季節，能煮幾餐帶有甜味的新鮮番薯飯。家中有種植稻穀的農家，可能會保留一些米糧，摻入一些米粒，與番薯簽一起煮，改善飯的味道及營養。

純粹的番薯簽飯較為乾澀，為減少澀味，常要和湯汁一起吃。這種番薯簽煮的飯顏色是褐黑的，如果副食是醃製的黃瓜也呈褐黑色，則飯桌上的食品都是同一顏色，看了食慾很難會提高。番薯與番薯簽主要的營養是澱粉，卻也養活了全臺灣千、百萬的子民。這種食物雖然不是非常昂貴的珍品，卻能保命。多數的臺灣人民一定也未預料到，曾經是保命的粗俗糧食到了二〇一二年時，卻被世界衛生組織公布為健康食品的第一名。

農民在食用番薯的素材時，也發明多種較為可口的食用方式，用蒸、烤的番薯都是常見的另類吃法，味道也較香甜。後來食用油較豐富之後，又發展出油炸番薯條，又別有一番香甜味道。「頂瓜瓜」速食店賣的番薯條，口味不輸給由麥當勞引進缺乏甜味的炸馬鈴薯條。

在若干旅遊景點，也見有商人用番薯的素材做成以紙袋包裝的薯餅，及沾了糖漿的番薯糕，都是番薯的異類食用方法，也使番薯的食法更加發揚光大。

番薯可貴及受歡迎之處，不僅是其根部可以食用，葉子也可當為蔬菜食用。早年農民常用番薯葉加入米粒，煮成稀飯。近來都市居民也盛行將番薯葉當成蔬菜食用，喜其營養素不低，以及含有較少農藥，種番薯的用途又大為提高。

以前臺灣缺乏麵粉時，都以番薯粉製成各種糕餅、炸料及用做油炸物品外包的粉末。蚵煎、蚵嗲、粉粿等都是用番薯粉原料做成的。番薯粉的製造固然有工廠大量生產，但由農家自做少數量的產品，也常有所見。

文化與政治象徵意義與價值

番薯的字眼與實物在臺灣具有高度的文化性與政治性的象徵意義。

1. 文化的象徵意義

就文化性的象徵意義言，如在本章開始所言，具有高度的本土意涵。此種作物適合在臺灣生長，容易種植，收穫可觀，曾經養活臺灣千、百萬的居民，延續歷代臺灣人的生命；又其外形有如臺灣地圖的縮影。這些特徵，致使臺灣人民能驕傲自稱為番薯仔。

認同番薯是臺灣人民的重要價值。由番薯的特性，也可略知番薯的兩種珍貴價值：第一項珍貴的價值是雖不昂貴卻是必要。臺灣人民曾經必須有它來填飽肚子，補給營養，才能活命與成長。第二項珍貴的價值是，這種作物容易存活與傳承。歷經多次的烽火與變局，番薯藤與葉子仍翠綠呈現在臺灣的田間，番薯食品仍普遍出現在許多家庭的飯桌上。

2. 政治的象徵意義

在臺灣番薯因具有高度的文化象徵，必然也轉移到高度的政治象徵。其重要的政治象徵意義是指歸屬本上的政治靈魂與精神。臺灣長期多次淪落受外來政權的統治，經歷許多不平等的待遇，因此在不少臺灣人民心中都有自立自主的需求。番薯象徵這種自立性與自主性的政治本土化，或本土化政治，受到許多臺灣人民的愛護與保衛。也因此，臺灣的人民儘管改變飲食的習慣與嗜好，但對於象徵高度自主文化與政治的「番薯」物品，仍會多加維護與愛惜。

如何保護

番薯曾經是臺灣人民保命的主食，應受臺灣人民高度保護。然而臺灣人民卻會在兩種情況下傷害番薯寶貴的品質與價值：第一項是自命富有高貴之人，輕視番薯是粗俗低賤的貧民食物而不屑食用，其後代子孫也不知番薯為何物，以及其代表的意義；第二種是平時不經心的儲藏與存放，會造成其腐爛。將番薯存放在潮濕不通風之處，或太久不用，便會腐爛成無用的廢物。

以上這兩種傷害番薯的情形與途徑，都很值得臺灣人民的警惕。要能時時避免發生，使番薯能在臺灣長期存在並有效用。無論何種情形，若有人存心惡意要將寶貴的番薯食物丟棄，臺灣人民也應該奮力挽回，並加以阻止。

第三章　始於殖民時期生產的甘蔗與砂糖

蔗糖的發展與殖民政策

臺灣種植甘蔗製糖開始甚早，自十七世紀荷蘭時代已有種植。1895 年日本占領臺灣以後，重視臺灣生產蔗糖的潛力，將發展蔗糖當為農業臺灣的殖民產業政策重點，設立「製糖株式會社」，推廣種植甘蔗，設立糖廠，大量生產。甘蔗成為臺灣的重要作物，與農家的工作與生活息息相關。因為種植甘蔗的農家很多，種植甘蔗不僅影響個別農民的作息，也促進農民設立團體，形成組合，過較有組織的生活。蔗農團體卻也曾經威脅到日本政府的權威，而遭到日本政府的迫害。

至二次大戰結束，國民政府接收日產的製糖會社，成立「臺灣糖業有限公司」，簡稱臺糖公司，成為擁有最多土地的國營企業。民國四十年至五十年初，是蔗糖生產的全盛時期，臺灣砂糖出口值占臺灣外匯收入的百之七十四之高。共有糖廠約五十家，每年種甘蔗面積達十餘萬公頃，蔗農戶數約十三至十五萬戶，在臺灣農村社會經濟上占重要的地位。

整地與基肥

種植甘蔗之前需要事先整地及施基肥。傳統的整地方法是由牛犂出畦，畦中覆蓋基肥。農民種豆科植物，如虎爪豆，或用甘蔗葉混合氮肥（俗稱黑肥）及豬糞尿等做為基肥。農民在田裡的溝中插甘蔗，在嶺上間作番薯、花生、蘿蔔等短期作物。

到了農業機械化以後，整地工作常用大型的曳引機進行。通常民間少有此種大型的農機，唯有糖廠才有此種設備，用於廠方的大塊農場上。以曳引機整地，可以同時種下甘蔗苗，進行起來速度很快，但農民習慣上則使用人力及畜力整地。

剝葉

種植甘蔗之前需要先採取甘蔗苗，採取種苗之前則要事先剝去甘蔗葉。一般農家使用的甘蔗苗都取自種的甘蔗，也有少數向他人購買的情形。

我在大學時代就讀農學院，一年級的暑假需要到農場實習，我選擇到屏東地區糖廠附屬的農場，整個暑假都在從事與甘蔗有關的工作，當然也包括剝除葉子與採取甘蔗苗的工作。暑期的南臺灣，天氣非常炎熱，在剝甘蔗葉時，容易流汗，下田不久衣服就被汗水濕透，乃利用溝中灌溉水將汗衫浸水洗淨再穿上。不久水分晒乾，卻又再被汗水濕透，如此反覆多次，需要補充許多的開水。

取苗與種植

採取甘蔗苗的工作以彎刀為工具，切斷末端甘蔗，包含兩個牙做為一株苗。種植後，田中若有適當水分就很容易成活，但如果土壤缺少水分，甘蔗苗則可能會枯死，甘蔗芽也長不出葉子。甘蔗田中若在雨後積水，則甘蔗芽也可能腐爛而不能長葉。甘蔗苗的標準間距約一尺左右。

甘蔗苗種植後，若有一部分長不出芽，必須要再種。再種的比率則與發芽比率成反比。再種甘蔗的品種一般都要與原先種植的品種相同，成長速度才會相同，照顧起來也才較方便。

灌溉與培土

甘蔗是較長期性的作物，約要一年數個月，才能收成。生長期間常要做多次的灌溉，此外也要培土與除草。在嘉南平原地區，甘蔗的灌溉用水主要也來自烏山頭水庫，給水系統與水稻田的灌溉系統相同。灌溉的時間也用輪流制，與水稻田的灌溉制度也相同。甘蔗剛插入土中時，位在溝間，如此容易吸收水分，有助發芽，當土中的甘蔗苗長出芽時，根部會往地下伸展。到甘蔗苗長到適度的高度，原來的間作物如花生、蘿蔔、蘆筍等都已收成，乃需要對甘蔗進行培土的工作，將嶺頂上的土用犂推入畦溝中，使原來的畦溝變成畦頂，使甘蔗有較多的土方可以伸展根部，有助莖葉的成長。培土工作先用犂推，之後再以人力用圓鍬修補。在糖廠附屬的農場，因為面積廣闊，常以曳引機或耕耘機作業。以大型曳引機作業時，操作者可坐在機械的座位上，頭上有頂蓋可以蔽日與擋雨，比小農民使用牛犂與人力操作舒適許多。

除草與施肥

甘蔗在初長之時，農民也常需要除去田中的雜草，目的在減少雜草吸取田中的肥料及水分，藉以保護甘蔗苗的發育成長。

除草工作可用雙手拔草，也常用鐮刀割除。拔草可以除根，防止其再長。割除的方法則在草叢太大，根部太深時行之，因草根拔除不易，非得動用鐮刀不行。

甘蔗消耗肥料不少，故在種植前常要施放基肥，在成長早期又要施放數次追肥。追肥以氮肥為主，主要目的在促進莖葉的發育。農民施用的氮肥是黑色，俗稱「黑肥」，對皮膚會有侵蝕性。在施肥時常要以布套保護肘部，以防皮膚受到傷害。如果肥料與皮膚接觸太久，加上汗水的攪和，容易造成皮膚紅腫發炎。

農民在施用肥料之後要切忌飲酒，否則很容易起反應，皮膚紅腫，身體不適。

收成的景觀

甘蔗的收成是農業工作少見的熱鬧場景。這是一種大團體的合作工作模式，每一團隊由數十人組成，加上田主的人員也加入工作，組成工作人員很多的熱鬧情況。

依照收成甘蔗工作者的角色類別而分，有挖掘甘蔗的工人，多半由較有力氣的壯年男性擔任。每位挖掘工之後約有三位清理甘蔗葉及根的女工，隨後有一位綑綁工，綑綁甘蔗成束，以便載運。再有數輛牛車將綑綁成束的甘蔗置放在牛車上運送至甘蔗集貨場，之後由較有技術的工人將放在地面上的一捆捆甘蔗置放在糖廠備用的小火車上，等待機關車定時前來拖運至糖廠秤重後製糖。

在田間收成甘蔗的過程中，每位牛車搬運工都配屬一位砍甘蔗嫩葉的人，這個人跟隨挖掘甘蔗者，將挖倒甘蔗綠葉部分砍下，供作牛飼料之用。通常田主也能保留一份可供做牛飼料的甘蔗綠葉。

在收成甘蔗的田園中，除了工作隊及田主的人員之外，常會出現一些撿甘蔗綠葉的外人，這些外人多半是村中有養牛的農民，趁甘蔗收成時，到甘蔗園中撿拾一些被遺漏的甘蔗綠葉，做為牛飼料。其實甘蔗園中很少會有被遺漏的甘蔗綠葉，有時撿拾綠葉者趁著搬運牛車工人或田主不見時，偷取幾株，因為數量不多，且多半是村中熟人，因此大家也都睜隻眼閉隻眼，讓家有養牛需要飼料者，分享一些鮮嫩的甘蔗綠葉。這些撿拾甘蔗綠葉者多半是村中的小孩，比較不會難為情。

往來車場（站）與糖廠的運輸

每座糖廠集貨的範圍約包含臨近數個鄉鎮，種甘蔗面積有數百甚至上千公頃之多，收集的甘蔗足夠糖廠運轉生產數個月甚至半年以上的時間。以新營糖廠為例，其管轄的甘蔗原料區範圍就包括所在的新營鎮，及臨近的鹽水鎮、柳營鄉、下營鄉、學甲鎮、六甲鄉、東山鄉、後壁鄉等地。糖廠運輸甘蔗時都以小火車（或稱五分車）接連糖廠與甘蔗產地之間。在糖廠開工時期，每條小火車線路每天上下午各有一班車，從產地逐站收集甘蔗原料進廠，並由糖廠運往各產地車場（站）車臺，以便裝運甘蔗。

每班載運甘蔗火車的尾端都會掛上一節有頂蓋及座位的車廂，供為護送甘蔗的田主乘坐之用，但也容許其他人搭乘。田主隨車保護甘蔗，一方面注意運輸過程中不被偷竊失落，另方面也可隨車至糖廠領取過磅單，單上當場記載過磅重量，以便作為日後領錢或領糖的根據。

在運送甘蔗的火車上，糖廠方面通常都會派上一位武裝的保警，幫甘蔗主人防備甘蔗被偷，或處理因阻止偷甘蔗所引起的糾紛。隨車的保警有權力將不法的偷甘蔗者移送法辦。但如果偷甘蔗的數量不多，只是抽一根解渴，則甘蔗主及保警也多半不至太不近人情。但保護甘蔗者也很擔心雖只抽取一枝甘蔗，可能造成整把甘蔗脫落，造成較大損失。

我在就讀初中時期，每逢週末都要從城裡回鄉下探望父母親及其他家人，來回路程都需要搭乘運送甘蔗的小火車。有時出門較晚，至車場時，火車已開往鄰村的小站，為了追逐火車，得跑一、兩公里以上的路程，趁著火車在吞吐連接甘蔗車臺時，趕上搭乘。這種情況無異在訓練長距離賽跑，無形中也有助增進體力與健康。

蔗糖與甜味

世界上有兩種製糖的主要原料：一種是甘蔗，另一種是甜菜。由甘蔗生產的糖量比用甜菜生產的糖量多。糖的主要特性與功用是產生甜味。人的食物中有許多種類都帶有甜味，甚至還有不少食物是以糖為主要原料製成的，各種糖果、甜點便是。糖除了味道甘甜之外，還有營養及產生熱量的功效，也因此人類消耗糖的數量很多，甘蔗及甜菜也才受到重視，成為重要的農作物。

人類對有用物質要求變化，也將糖製成許多不同種類，每一種糖都具有特殊的視覺與風味。重要的原糖類有白糖、砂糖、冰糖、霜糖、紅糖、液糖、方糖等。加工後則有麥芽糖、飴糖、酵素糖、葡萄糖、果糖、轉化糖等。各種不同類別的糖，分別用在不同的時機與場合。

棧單的保存與買賣

農民與糖廠的往來中創造出一種簡便的方法與制度是「棧單的保存與買賣」。農民交給糖廠甘蔗製成糖以後，糖廠會按農民應得的分糖量發給棧單，載明數量，相當銀行的支票，比較容易保存與交易，實際的糖量則存放在糖廠倉庫。農民分得棧單後可到市場上買賣，換成現金。需要用糖，可用棧單向糖廠換領。常見農民賣棧單，供為家庭日常開支及子女教育費用。

糖廠平時將蔗糖包堆積在大倉庫中，按時打開倉庫取出供應農民或商人的需求。二次大戰後期，新營糖廠存放糖的倉庫受到美軍轟炸起火燃燒，糖都被燒成焦黑的糖漿，流滿附近地面，廠方准許附近居民撿取，也等於幫忙糖廠清理場地。不少附近的居民取回燒焦糖漿後，再加清洗煮熟消毒結塊，而後食用，成為戰爭中的一則奇觀與特殊現象。

糖廠的廢除與轉型

臺灣的糖廠約在民國八、九十年代逐漸廢除，製糖機器逐漸拆除變賣，廠區的景象也逐漸沒落，不再如往昔車水馬龍。短時間內糖廠的附屬農場多處變為荒蕪，不再種甘蔗。行走農村地區的糖廠小火車也不再冒煙呼叫。曾經發達百年的臺灣糖業，終告休止與停擺。

臺灣廢除蔗糖業主要原因來自經濟性的。至二十世紀最後的一、二十年，臺灣的工業已相當發達，經濟地位超越並取代農業，人民及政府對農業逐漸忽視，將部分農業生產棄之不惜，甚至下終結令，蔗糖業就是其一。

廢除後的甘蔗田及糖廠都做了相當大轉型，有些糖廠的附屬農場被開發成工業區或休閒遊樂區，也有些農場改種較高價值的蘭花。有些農民零散的甘蔗田休耕，或轉種玉米等雜糧。

糖廠的廠區轉型者也有不少，大多轉型成休閒娛樂場所，如販賣冰品、或開辦展覽會等。有小部分的運輸甘蔗小火車則轉型供遊客乘坐懷舊之用。轉型後的產業雖然可省略許多人力與勞動，但從經濟收入看來，尚難和種甘蔗製糖的價值相比。各地由糖廠轉型的工業區及遊樂區，不很興旺者為數不少。

為何政策上未考慮轉型生產能源？

依我的想法，臺糖公司在未關閉糖廠之前，原有一個可以合適轉型的政策，可將蔗糖轉化成酒精等能源的生產。近來國內對石油及天然氣的能源消費數量有增無減，消費價格也不斷漲升，管理能源機構在管理上又出了不少大問題。因此，當時臺糖的政策如果不做廢除糖業的決定，改變往生產酒精的能源之路發展，也許較能符合國家的長期利益。

見到臺灣不少可用的寶貴農地休耕、廢耕，部分農業界有識之士曾也提議發展能源作物，如豆類等。臺灣的甘蔗與番薯都是可以轉用成能源的兩項傳統作物，過去的產量都甚豐富，如果循著開展蔗糖與番薯的能源用途研發，或許臺灣就可減少進口能源的負擔，也可避免石油公司的不少弊端發生。但如今糖廠的機器都已拆除，甘蔗園也都不見了，想再恢復種甘蔗製糖，再轉換製作酒精等能源的機會，多半也找不回來了。

第四章 為自給而種植雜項作物

重要的雜項作物及變遷

臺灣的氣候很適合多種作物的生長，過去國際貿易尚不發達的時代，人民需要的各種物資都從本地的土地上生產，因此農民種植過的雜項作物相當多，包括可吃的雜糧及不可吃的其他雜項作物。本書第二章所談的番薯也是雜糧的一種，對臺灣居民生命的維持格外重要，過去種植面積廣闊，產量很多。

早前臺灣的雜項作物中除了雜糧，還有不少不能食用的作物，如黃麻、棉花、田青等。但是非食用的雜項作物如今再也不多見，因其經濟價值不高，也因有進口貨源或人造替代物品出現，而不再有人種植。

相反地，過去極少生產的多種花卉、水果、與蔬菜等種類，因為消費者的喜好，價值相對較高，乃不斷出新增產。例如花卉，在過去多半只在住宅前後種一些供為自賞，如今農民種來賣錢者則有不少。不少過去少見的蔬菜與水果，目前栽種的面積與產量都比以前多出甚多。為能符合本章的主題，本章只選擇若干過去曾有不少農民在農地上種植的雜項作物，如今卻逐漸流失者加以追憶，包括黃麻、胡麻、大豆、土豆（花生）、玉米、高粱、棉花與小麥等。

種收黃麻的工作

黃麻是一種高莖的纖維作物，在農業年報中已除名，但在我小時候，家中與村內的農民都普遍種植這種作物，主要用途在製作麻繩，供為自用。農家使用麻繩的機會不少，凡是要牽、綁、拉、吊、打結者都要用到繩索，而繩索的主要原料是黃麻，較細緻者也有用苧麻當作原料者。

黃麻的栽種並不麻煩，農家主人先將田地整平，婦人或小孩使用打小洞的竹管裝放黃麻種子，向地上搖動後，種子落入土中吸收水分，過數天就可萌芽成長。發育數十天約高至近丈即可收成，用來製作繩索。

黃麻田在未收成前，常有農家小孩潛入田間捉拿蟋蟀，是可遊戲的場所。黃麻葉子長在末端高處，可遮住烈日，故在黃麻園中的地面，不會照到日光，較為陰涼，農村小孩遊戲其中，有其樂趣，只是有時葉上的小蟲會掉落頭上。

收成黃麻是很忙碌的工作，先要割株，除去葉部，捆綁運送回家中，去皮晒乾。有時還要浸水，使表皮腐爛，洗去雜物，製作成精品麻。這些工作的過程都得在炎熱陽光之下進行。

農家收成黃麻的同時，都要自己加工，製成牽牛及其他用途的繩索。繩索不論粗與細，通常都要使用至少三條細繩連結而成。結繩工作通常由家中主人操作主要工具，小孩就常被指定要搖動結繩機，或幫主要操作者遞送粗麻，當小工。這種結繩的工作，通常都利用午休時間進行。打結繩索要有足夠長度的場所，通常在屋簷下走廊進行。工作雖然不笨重，但參加的人都要犧牲午休的時間。

精品麻是指浸水洗淨之後的黃麻，纖維變為更細緻強韌，常用為製作精用的麻繩。浸水與洗淨的工作卻是有點辛苦，通常要將粗麻浸入水池中數週，至表皮潰爛後，再用手工洗淨，去除潰爛的皮屑。浸水與洗淨精品麻的過程都由成年農民站到水中工作，農家浸水及洗淨後的精品麻，也常拿去賣錢，補貼家用。

種植胡麻

黃麻與胡麻曾是臺灣農作物中兩種重要作物，但黃麻是種來編織繩索的，胡麻則是為了榨油及當香料用。過去雲嘉南平原栽種的雜項作物中，也常見有胡麻。農家栽種此種作物的面積不廣，通常都使用形狀不整或地勢較高的小塊土地，種植此種非主流的作物，製作自用的麻油。

播種胡麻的過程並不困難與複雜，但收成過程則甚繁雜。後者必須先將已近乾枯的胡麻拔下，挑擔或用車運回家中，經過日晒，至果莢裂開或容易打破，使胡麻粒容易脫落出來。胡麻的顆粒很小，晒時常要放在大型的竹材編製的器物中，脫粒才能較容易收拾與保存。

早期農民普遍栽種胡麻時，鎮街上通常會有一、兩家榨油廠，一方面自己買胡麻或花生榨油出售，另一方面則可替農民加工榨油，只收工錢。胡麻及花生榨油之前，通常都得先將核仁炒熟，而後壓榨成熟油，麻油帶有濃郁的香味。農民喜歡自備胡麻及花生委託工廠榨油，油料都為純品，以免向他人買油時擔心油中摻入他種原料，破壞油的純度。

種植玉米

論種植的面積之廣，玉米可能是嘉南平原也是全臺灣最重要的雜糧。玉米可用為食物及飼料兩種用途，人食用的玉米可在菜市場中購買到，有生鮮的，也有煮熟的。飼料用的玉米都先經脫粒晒乾後裝袋存放與售賣。早前常用玉米壓成大餅後當豬飼料，後來則變為磨成細粉後當成各種家畜及家禽的飼料。

玉米粉變為飼料的過程，可能混合其他原料，如豆粉或魚粉等，甚至有加入各種生長素或抗生素等藥物者。臺灣的畜產業如養豬、養雞業發達的時期，飼料廠到處林立，玉米是飼料廠很重要的原料，來源有自美國等地進口者，也有本地生產者。

臺灣大量生產玉米初期，田間工作仍靠人力處理，後來才使用大型曳引機播種及收穫。曳引機以代耕的方式，替農民作業，按面積計算工資。收成後也有人用烘乾機替代農民烘乾。機械化的操作，可節省許多人力。

種植花生

花生的全名稱為落花生，在臺灣俗稱「土豆」。以前福建文人許地山的筆名落花生，攝取其隱含內斂之意境。我很愛吃花生，學生曾以此嘲弄我。花生油脂很多，多吃並不符合健康，但其香美味道實在很誘人，因此我自小即喜愛吃它。

臺灣的農民常會自種些許花生，農民為節省土地可能將花生種在田埂上或水溝邊。有種植就有收成，即使數量不多，也就可不必向外購買。收穫落花生時，首先要用雙手拔，隨之自根部取下帶殼的花生。小孩子可一邊工作，一邊剝開花生吃。但因可能沾到土壤中的細菌，吃進肚裡會長蛔蟲。農民收成的帶殼花生，還需經過晒乾才能儲藏，當要自用時，則從麻袋中取出一些花生剝殼，炒熟就成香味十足的美食。

農民炒花生主要是當副食，當飯桌上缺乏魚肉時，有幾顆炒花生就很能下飯。如果是米飯，配花生，對農人而言，已是上等美食。偶爾老農民以花生配米酒，算有點奢侈，但也確能有享受的感覺。

臺灣是小農國家，農民栽種花生普遍都小規模。但在歐美大農國家，農家種植花生的面積廣闊，種植與收成都用機械。在臺灣曾見有以機械收割稻穀、甘蔗與玉米，卻未見過用機械收成花生。我卻有一機會在德國看到機械收成花生的場景，效率很快，也因此不難收成大片農場上的花生，真是大開眼界。

在臺灣以花生為原料製作出來的美食種類不少，其中花生糖、貢糖最為可口迷人。此外在包粽子時也常加入花生，麻糬及潤餅必定加花生粉，都可增加美味。花生幾乎是人人喜愛的一種土產食物，市面上經常可買到包裝帶殼的烘烤花生，也可買到五香、油炸、蒜味及蜂蜜等不同口味的核仁花生。

近來農業技術上對於花生品種的改良也大有進步，有從每顆包含兩個核仁加到四顆者，也有稱為黑金剛的新品種，但口感則仍以傳統顆粒不大的原味花生最為香美。

種植高粱

嘉南地區的農業改良場及農會在過去有段時間也鼓勵與輔導農民種植高粱，目的在供應酒廠需要的釀酒原料，以及當成豬及雞、鴨的飼料。高粱的種植及收成方法與玉米類似，多半配合機械作業。高粱小時長相與玉米類似，漸長才有分明的差別。

高粱是一種釀酒的良好原料，著名的高粱酒是金門酒廠的招牌酒，故在金門地區的農地普遍種植高粱。臺灣生產的高粱也供應到金門酒廠或本地的酒廠釀製高粱酒。因為農民少有私自釀酒，故生產後的高粱全部交給農會統一收購，再轉售給酒廠或飼料廠。因此這是一種少有農民不留下自用的農作物。

種植黃豆

黃豆也稱大豆或毛豆，臺灣農民又稱「慈豆」。長期以來重要的用途是製豆腐及豆芽的原料。偶爾在餐廳也會見到煮熟的毛豆小菜。如今用做飼料的數量或許比用做豆腐及豆芽的數量多。過去嘉南平原的農家普遍也將種植黃豆當作重要的雜糧，直到進口數量增多，農業勞動力減少，此種農作物也就少見有人再種。

農民栽種黃豆的收成過程，同樣要經過拔株、掠晒、打擊脫粒、晒乾、去雜物、包裝等繁雜手續才算完成。農民收成黃豆後，自己保留足夠自製豆腐及豆芽的數量，其餘則轉賣現金，補貼家用。

今日的市民要吃豆腐可方便到菜市場或超市購買，每天都有新鮮的貨品。但從前農村中的居民要吃豆腐得自己製造，過程包括先將黃豆泡水、磨成漿、煮熟、去雜物、過濾、加石膏使其凝結、打包、凝結成塊、再切割等過程，做成的豆腐可生吃或經過煎、炸後食用，農家還常製成豆腐滷，供為長時間的副食之用。

種植棉花

棉花在臺灣是較少見的農作物，不是種不活，而是農民將土地用來種植更迫切需要的糧食。在二次世界大戰時，物資缺乏，農民不得已也種棉花，供自己紡紗織布。但因為此種物資較為特殊不尋常，管理人民的日本政府並不允許。我在小時見過母親以自種的棉花紡紗織布，卻被日本警察逮個正著，害了父親到衙門受刑。

農民種棉花的重要工作是在花果成熟裂開時，需至田中摘取，進而將取得的棉花收集晒乾、去籽，而後裝袋。因為棉花都在天氣炎熱的夏季成長，很容易有病蟲害。早期農藥還不發達，故常有收成減損的問題。臺灣不是生產棉花的重要地方，除了它不是重要糧食作物的原因，也與氣候濕熱、病蟲害猖獗有關。

我到了念大學時從農業地理的課堂上，讀到陳正祥教授寫的一篇世界棉花的生產與分布的論文，才知因為地域分工，許多棉花生產地都在別的國家。從電影上也看到美國在移民初期，南方的土地種了不少棉花，收成棉花的工作多半是黑人農奴的工作。著名的一部影片《亂世佳人》（或《飄》），即是描寫種棉花莊園主及其農奴關係的故事。

種植小麥

知道臺灣曾經種過小麥的人可能不多。實際上，種植的面積也不多，但確實曾有種過。我的記憶中，在小時候家中就種過小麥，種植與收成都用人工作業。

我對小麥作物的田間作業記憶較少，印象較深的是小麥收成的時間是在秋冬之際，天氣並不太熱，成熟的麥穗隨風飄搖，可比美稻穗的波動。當全家人集合在麥田中收割的情景，相當溫馨。農業工作是家庭中所有的人都要一起參與的工作，在工作的場域，家人有許多聚在一起的機會，不像工商工作，一家人常分別散落在不同他人開辦的工廠、公司或機關。

農家將從田裡收割回來的麥穗綁成一小束，置放成堆，經數日在地面晒乾才能脫粒並儲存。農家的小孩喜歡躲藏在麥堆中捉迷藏，也愛將麥穗放進袖口中，經過手臂的搖動，使其自動往內鑽，像是有活動力的生命體，其實是因為麥穗往前滑動沒阻力，往後滑動有阻力，故只會往前滑動卻不會往後退。農家小孩就以此原理玩起麥穗，也能獲得樂趣。

農家只會種麥，對收成後的加工卻不擅長，當其將麥粒磨成粉時，卻無法除去麥皮，故自磨的麵粉都是帶有淡紅顏色，煎成油餅吃起來，不像由工廠加工後的純白麵粉所做的油餅較有可口味道，但營養成分可能因含有麥皮而較高。

栽種蓖麻

這種作物並不多見，但卻曾在嘉南平原出現過，時間是在二次大戰期間。日本政府鼓勵與下令當地農民種植此種作物，當成製造能源，供應飛機、車輛、或戰艦用油。農民收成的蓖麻，全數由政府收購，當然價格不會很好。

蓖麻作物外表看來並不美觀，有點醜態，因為葉上會長許多毛蟲，碰到身上皮膚會發癢很久。早時因未見有農藥，且這些毛蟲對於蓖麻的收成並無太大不良影響，故農民也都不去理會，不到收成時很少去田間，避免接觸到這種會傷人的毛蟲。

區域外的菸草與香茅草

菸草與香茅草曾經是臺灣的重要經濟作物，但兩者在嘉南平原都少見栽種。菸草多見於集中在南部的美濃及分散在中部若干鄉鎮種植，香茅草的重要生產地則在中北部的苗栗縣境。

此兩種作物的盛產時間約在日據時代至戰後初期，農民栽種此兩種作物，收成時就賣給加工廠，可立即變成現金收入，經濟價值很高，故稱為經濟作物。香茅草的用途是供做壓榨油料。臺灣曾是香茅油的主要輸出地，為臺灣賺取不少外匯收入。菸草的用途當然是製作香菸，首先在生產地烤成乾燥菸葉，而後再運至菸廠所在地，做更細緻的加工製造。臺灣過去自產的著名香菸有香蕉牌、舊樂園、新樂園、八一四等。最後一種是供應軍中使用，而品牌的名稱是屬空軍系列。

茶葉的種植與採收

此種作物在嘉南平原幾乎未有所見，但在雲嘉南的山區，栽種的面積與產量也相當可觀。著名的阿里山高山茶即是。

臺灣茶葉生產已有很久歷史，政府隸屬的農業改良機關中即有茶葉改良場的系統，負責茶葉品種、生產、加工技術及運銷制度的改良。種茶主要的技術在於選種、施肥、修整茶園、採茶與製茶，採茶與製茶是很有文化意義與性質的活動。臺灣北部的桃園、新竹與苗栗縣的山坡地面積不少，很適合種茶。此三縣居民中客籍的比例又特別高，種茶、採茶與製茶等乃成為客家文化的重要部分。客家文化中創造出流行很久的採茶歌，也創造出多種茶藝，包括烘乾與包裝等。

隨著經濟的發展，消費者對品茶的水準提高，對飲茶品茶也捨得消費，促進近年來茶葉快速發展，如茶葉企業家的誕生、高貴茗茶的外銷與輸入。

其他的雜作

臺灣的氣候適合多種植物的生長，重要的雜項作物除了上列者外，還有許多未提及者，其中以蔬菜與水果較為重要。蔬菜是短期作物，水果則有短期與長期兩種。此兩種作物對於農民的經濟效益甚大，對農民取得現金收入較有幫助，且對農民本身及全臺灣住民的營養貢獻也很大。因有各種蔬菜與水果補給營養，臺灣人民的健康確能獲得很大的幫助。

蔬菜與水果在臺灣農業的地位有升高的趨勢，種植面積比率升高，產值比率也升高。不少農田原本是種植水稻、番薯及甘蔗等傳統作物者，都改為種植各種蔬菜與水果。下一章將探討農家種植蔬菜與水果的工作情形。

第五章 在庭院及田中種植蔬菜與水果

蔬菜與水果的重要地位

蔬菜與水果在農家的生產與消費中都占重要地位。在生產方面雖非主要作物，卻是重要的現金作物。稻米、番薯為重要農產物，農家雖也可以賣錢，但於生產之後常留做自用，或將之儲藏，至家中迫切需要錢時才出售。但農家生產的蔬菜及水果，除於收成當時保留一些自用或送人外，其餘都得立即出售變成現金，否則會很快腐爛。

在臺灣農業結構的變遷過程中，蔬菜與水果的栽種面積、產量及產值都有增加趨勢，這種變遷反映人民消費習慣的改變，包括農民在內，變為較注重食用蔬菜及水果，也反映農民栽種蔬菜及水果的經濟利益比生產稻米、番薯等主食作物相對較高。

蔬菜的栽種方式

農民栽種蔬菜有三種重要的不同方式：第一種方式是在屋前屋後的空地上種植一些容易成長與採摘的葉菜或根菜；第二種方式是在番薯田或甘蔗幼苗時，在田中間作短期性的蔬菜；第三種是在田地上全面種蔬菜。

至於蔬菜的種類則相當多，可分為葉菜類、花菜類、根菜類，及果菜類等。各種蔬菜發育成長的時間都不會很長久，長者兩、三個月，短者兩、三週就可收成。臺灣常見的葉菜類有白菜、甘藍菜、芥菜、空心菜、芹菜、韮菜、蔥、蒜等。根菜有蘿蔔、胡蘿蔔、蒜頭、洋蔥、馬鈴薯、薑、竹筍、蘆筍等。果菜則有茄子、番茄、番椒、草莓及各種瓜類，瓜類包括西瓜、洋香瓜、苦瓜、菜瓜、胡瓜、冬瓜等。菇類則有洋菇、香菇等。

農民種植各種蔬菜要看季節，於適當時間播種與收成。種後若未下雨，則要注意澆水，供應水分，也要施肥，刺激發芽與成長。蔬菜在夏季熱天成長時，易患病蟲害，農民為能保護其發育成長，常要噴灑農藥。如果農民不知藥性，本身也容易中毒。若在農藥殘留期間收成，則容易傷及消費者健康。臺灣消費者居民患有肝病者不少，醫學衛生界懷疑與果菜中含有毒農藥有密切關係，很值得消費者及種菜農民警惕與注意。

蔬菜的運銷與加工儲藏

早前農民種植蔬菜的數量不多，除自己食用外，偶而會挑擔至市場販賣。後來農民以專業性種植蔬菜者漸多，生產較多數量的蔬菜都要運送至大都市消費地果菜市場拍賣。運銷途徑則多半經由當地農會組織輔導的產銷班共同運銷，當然也有直接銷售至消費地的批發商或零售商的情形。

農民生產的蔬菜在產地與消費地的價格常相差很多，中間的差價都為運銷商獲得。如果兩地價格相差太大，會有運銷商剝削農民利益的嫌疑。當蔬菜豐收時，此種剝削問題常很嚴重，也常需要政府輔導單位出面勸導與管理，減少農民的損失。

各種蔬菜都是容易腐爛敗壞的農產品，若要較長期儲存，則要經由多種方法的加工過程。如晒乾、製成罐頭，或經過醃漬。臺灣的鹹菜是使用芥菜為原料，經過醃漬發酵製成，製造量及消費量都相當多。洋菇則常經由製成罐頭儲存，香菇、蔥頭與蒜頭等則是經晒乾後儲存的。

庭院中的果樹

農村住宅保留的空地較多，農家常會種果樹，一來可以生產水果自用，二來可以遮蔭乘涼。農宅周圍種植的果樹常見有芭樂、龍眼、荔枝、木瓜、芒果、楊桃、柚子及蓮霧等。在籬笆邊也常見農家栽植類似蔬菜，實際上可當水果吃的番茄。各種水果的品種在過去長時間內改良與變化不少。例如小時種植的芭樂都為土種，形狀較小，內為紅心，吃時連皮帶子。而今多數人家所種的芭樂都是自泰國引進的俗稱泰國芭樂，果樹形狀較矮小，可站在地上採摘，果實形狀則較大，皮肉較厚，食用時吃皮不吃心。

其他水果在我小時尚未有明顯改良，果實都較少，甜度也較差。後來改良之後，果實都變大，水分甜度都較高，蓮霧與楊桃等都是如此。但是食用的番茄卻有例外，改良後的品種卻較流行小粒形態。龍眼品種少有改變，卻越來越少人種，因為樹形高大，收成困難。也因為此種水果品味與荔枝相近，有逐漸被荔枝取代的趨勢。而荔枝卻有不少改良，例如普遍可見的玉荷包，子小肉多，比起原來的黑葉種更受人歡迎。

農家在屋前屋後所種植的水果多半是供自己食用，少有出售。如果種的數量較多，則可贈送鄰居或親戚朋友。許多農家小孩手腳都比大人敏捷，常會爬到樹上採摘果實吃。有時不小心，或樹枝斷裂，會摔倒地上。

水果的一般管理與經營方法

隨著都市人口飲食習慣的改變，食用水果的人口增加，每人消費水果數量增加，種水果的農田也有增多趨勢，其中有種在旱地，也有種植在原來的水田者。農民若在農田上種植水果，經營的方式不能讓其自生自滅，而是要做較仔細管理與經營。

農民要將果園中的果樹種好，經營管理的學問很大。栽種之後還要注意適時施肥、噴藥、架棚、剪枝、接枝、疏果、包果、技術性採果、候熟、包裝、報價、銷售及運輸等。不同水果的經營管理方式都不一樣，關鍵要點也都不同。芭樂、芒果與水梨等都很注重包果，也很注重噴藥。香蕉則需要經過催熟的處理。葡萄則很注重噴藥與包裝。龍眼則常經由加工做成帶殼與不帶殼兩種不同的龍眼乾。

農民生產及經營水果，收益會受到產量與價格的雙重影響，必須兩者都好，收益才較有保障。但事實上數量與價格常是互相背離，有時產量會因風災水災而歉收，有時價格會因生產過剩而嚴重下跌，都會致使農民收益變少，情況不好時，常有不夠成本的慘狀。種植水果比種植傳統農作物，如水稻及甘蔗等，雖有較高的獲利機會，但也有較高的風險。

幾種重要水果的種植

臺灣水果的種類很多，每一種水果分布地點卻有些差異。大致言之，越是南部的地區，天氣越熱，越適合種植水果。屏東是臺灣最南部的一個縣分，生產水果的比重很高，縣內盛產的水果種類也很多。

嘉南平原範圍涵蓋雲、嘉、南三縣市，境內較重要的水果種類有芒果、鳳梨、柚子、龍眼、芭樂、洋香瓜、番茄等，臺灣著名水果中的蓮霧、柑橘、荔枝、香蕉等，在此區域內的產量相對並不很多。於此對於區域內重要水果的芒果、鳳梨、柚子、龍眼、芭樂、洋香瓜及番茄等的種植情形略為做些說明。

1. 芒果

雖然嘉南平原以外的屏東縣枋山地區也盛產芒果，但臺南境內的玉井、楠西、南化與大內等鄉，種植芒果的面積與產量都有更重要地位。此種水果由栽種苗木開始，至能結果收成，時間約要三年。早前種植的品種俗稱土芒果，形狀小粒，味道卻很香甜。後來引進一些新品種，包括愛文、海頓、金煌等，管理上不困難，產量收益都甚佳，卻也常因產量過剩，價格下跌，果農反而未能獲得良好收益。曾有一度在某鄉，芒果生產過剩，價格慘跌，農會總幹事心生一計，將一些盛產的芒果倒入附近的曾文溪，引起新聞界大幅報導，刺激消費者的同情，乃增加對芒果的購買量，才使價格回穩。

芒果成熟以後不易保存，即使冷藏，時間也不能太久。為防盛產期價格下跌，可由擴大用途範圍改善，如做成芒果冰品；也有於果實未成熟時，就摘下製成芒果乾，裝袋或包裝出售，保存期間可增長；也有製成冰凍的情人果，可全年供應不斷，當為宴會後的水果及甜點。

2. 鳳梨

臺南市境的關廟是臺灣生產鳳梨最負盛名之鄉，所生產的較傳統品種鳳梨，形狀不大，甜度卻很高，很受消費者歡迎。嘉南平原境內的民雄、大林一帶也種植不少鳳梨。

鳳梨是一種味甜多汁的水果，生長期較久，但夏季產量尤多。因為多汁，故在夏季很受歡迎。過去臺灣的鳳梨曾經製成罐頭外銷，替國家爭取不少外匯。後來鳳梨罐頭逐漸減產，以生吃為主要消費。除了內銷，也有外銷。臺灣的鳳梨甜度甚高，少帶酸味，不像美國夏威夷生產的開英種，酸味十足，並不好吃。臺灣除了在嘉南平原山坡地帶生產鳳梨外，屏東、高雄的山坡地也生產許多鳳梨。過去屏東種植鳳梨的面積廣闊，老埤鳳梨農場就共有上千公頃的土地，後來部分土地變為屏東科技大學校園用地，屏東地帶鳳梨的產量因此降低不少。

在日據時代，政策上有從西部移民花東一帶種植鳳梨的記載。如今東部鳳梨園地的面積減縮不少，不少原來種鳳梨的山坡地改種價值較高的茶葉或金針等。

農民種植鳳梨的全部過程也免不了要忙碌。除草、培土、施肥、噴藥、疏散花果都是免不了的工作。收成時以牛車運至市場套售或運至鳳梨罐頭工廠交貨。在臺灣鳳梨的生產連帶產生許多小販，是此種農作物生產的一種特色。小販至農場購買整車、整籃子或整袋的鳳梨，至市場或路邊零售，是很常見的事，形成臺灣農產品銷售的一種特殊景象。

3. 柚子

嘉南平原的麻豆是生產柚子的著名地點，早在清朝時就以盛產馳名。後來斗六一帶也跟進，接著花蓮的瑞穗，也成為臺灣生產柚子的重要鄉鎮。三地中有兩處位在嘉南平原地帶。

柚子是長年生的果樹。老樹生產的柚子，品質風味尤佳，受生產者特別保護。然而老樹容易患病蟲害，近來麻豆地區蟲害猖獗，不少老柚園就此毀滅。後來經由農會的輔導，有些農戶改變種植酪梨，創造新機會，改善收入。

柚子皮厚，可以儲藏的時間較久。農民收成的過程也不必太過急忙，但若遇到颱風來襲，如果柚子已成熟，就非急忙收成不可。如果柚子尚未成熟，遇到颱風，必會被吹落地面，造成嚴重損失，農民都會叫苦連連。

4. 龍眼

嘉南平原有些農家也在宅院中種一兩棵龍眼。在山邊的鄉鎮，龍眼的生產相對較多。臺南的東山地區是龍眼較多的鄉鎮。種植龍眼的農家，有些也養蜜蜂，蜜蜂採食龍眼花，生產龍眼蜜，農家也常設火坑烤龍眼乾。

龍眼樹形較為高大，是一種多年生的喬本，平時無需做太多管理，但要整理樹下地面的雜草。此種果實都長在枝葉的末端，採收的工作相當不易。可用的方法包括爬上樹梢摘取，但此法相當危險。其他的辦法還可藉用長梯，爬到梯上採果，或用長竹竿連接鐮刀割下大把的果實。但是不論使用何種方法收割，都有困難。近來不少農民因為收成困難，有者開放給他人免費採摘。也有將龍眼樹砍倒，另作其他用途。

5. 芭樂

傳統品種的芭樂是臺灣原生水果之一，容易栽種，樹枝堅實，爬到樹上採摘並無困難，樹身也較乾淨。不少農家在屋前屋後都種數棵，對於補充家人營養的作用甚大。近來引進新品種，樹形較為矮小，適合較大規模在田間種植，當成現金收入來源。

此種水果也容易患病蟲害，傷及果實，故栽種芭樂常要噴藥，也需使用塑膠袋包紮果實，避免果蠅及其他昆蟲損害。農民種植此種水果時田間管理會很辛苦。

芭樂果實堅實，重量很夠，用論斤計價，價格不低，但當盛產季節，賣方常以個數計價，賣起錢來就不會太好，有些農民覺得不很划算。近來不少收益不佳的芭樂園，都被廢棄，改做其他用途。

6. 洋香瓜

此種水果適合種在沙質的良田上。在嘉南平原靠海的若干鄉鎮分布較多。原臺南境內的學甲、北門、七股、將軍一帶，以及安南區，都種有洋香瓜。原高雄縣彌陀鄉也種了不少面積的洋香瓜。

洋香瓜是一種甜度高多汁的水果，廣受消費者喜愛。此種水果常在宴會席上供應水果盤的材料，混合其他水果，顏色好看，味道也佳。當客人吃過油膩的魚肉之後，再吃洋香瓜等水果，頗能去油爽口。農民生產此物多半經由農會輔導組織的產銷班運銷都市消費地。自從農會推廣種植洋香瓜之後，農產運銷界也普遍使用紙箱包裝。瓜農都於收成瓜果時，隨之裝箱以便運輸。

7. 番茄

「番茄」一詞具有由外國引進的茄子之意。來源及引進時間不可考，但在臺灣島上見到的番茄種類卻有很大的變化。在記憶中，小時農民種植的番茄都是較大型的，偶而在田間也會見到野生的黃色小粒番茄。食用大番茄時都要經過切片，沾醬油加糖。可將一個大番茄切成五、六片或七、八片不等。到了晚近農民都普遍接受生產紅色小粒的番茄。近來也常在市面上見到皮厚的牛番茄，以及用溫泉灌溉成長的溫泉番茄等。

農民種植的番茄除了食用外，也有賣給加工廠做成果汁或果醬者。南部原有幾家食品加工廠，都曾收購附近農民生產的果菜做為加工原料，其中番茄是很重要的一種。工廠為保障原料來源，會與農民訂立契約生產合同，保證於收成時一定以合理價格收購。後來幾家加工廠陸續外移而關閉，農民生產的番茄失去穩固的銷路，也因此就少種或不種了。

加工用的番茄少用紙箱包裝，而是由工廠方面提供塑膠箱。在番茄收成前，工廠用卡車運送空箱至農民家，經農民照約定裝滿番茄後，廠方再到農民處收貨，運送至加工廠。當農民收成番茄時，將一顆顆番茄摘下，再一顆顆放入塑膠箱中，手腳要快，也很忙碌。

第六章 養牛放牛經與牛故事

牛的重要性

臺灣常見的牛有三種：第一種是水牛，第二種是黃牛，第三種是乳牛，也稱為荷蘭牛。自二次世界大戰結束以來，這三種牛的數量都有明顯的變化趨勢，先增加，後減少。其中水牛在晚近減少的趨勢更為明顯。依中華民國農業統計年報的記錄，至民國九十九年底，全臺灣水牛數目只剩 3,844 隻，黃牛也減為 13,175 隻。唯荷蘭牛或乳牛的數量卻有 122,983 之多，雖然數量最多，但比其全盛時期也略有減少。農民養三種牛的功能或重要性各有不同。

1. 水牛的主要功能在耕田拖車

臺灣在以農業為主要產業的時代，幾乎每戶農家至少都養有一頭水牛，也可能飼養兩頭以上，以一大一小居多。農家飼養水牛的主要目的與功能是在耕田與拖車。水牛的力氣很大，可拖犁耕田與拖車載物。到老時，有些主人將之賣錢，由買者送去屠宰賣肉，也有主人不忍心看其被屠宰殺害，會將死牛埋葬。通常養牛的農民都不吃牛肉，因其與牛的關係密切，乃不忍心食牛肉。

在農業機械不發達的時代，水牛是農家耕作運輸的主要力量，這種力量稱為畜力。一頭牛的力氣可抵擋十餘或數十個人力。人使力容易疲乏，但牛使力卻很耐勞。過去曾有童謠道：「水牛使力把皮剝」，可見水牛操勞到皮被剝掉了都不會吭聲抗議。

2. 黃牛耕田也被出售屠宰場賣肉

臺灣在較乾旱缺水的山區，農家養牛多半都選擇黃牛。黃牛與水牛一樣都可使力耕田與拖車，但比水牛較容易被出售屠宰賣肉。早期未有進口牛肉時，牛肉麵攤都愛強調賣的是黃牛肉，可能是黃牛肉比水牛肉較細嫩。因為水牛被屠宰時，年齡都已較老，肉質會較硬。

飼養水牛的農家，一般每家都只養一、兩頭。但飼養黃牛的農家，較有可能同時飼養多頭，其中有些是由母牛繁殖的小牛。農家飼養多頭的黃牛，除留一頭做畜力使用外，其餘都是以賣錢為目的。

3. 養荷蘭牛目的在生產牛乳

飼養荷蘭牛的農家，被稱為酪農。這種農家養牛的主要功用是在生產牛乳。每戶農家飼養乳牛的數量都較多，常會多達十頭以上。農家飼養乳牛，擠壓牛乳，以維持家庭生計為專業。早期有些酪農，生產的牛乳都由自己銷售，後來則與臺灣省農會、將軍牌牛乳公司、林鳳營牛乳公司、味全牛乳公司、統一食品公司等訂立契約，農民將生乳出售給這些公司，由其集貨煮熟消毒，以鮮乳銷售給消費者，或加工變為各種其他產品。

主人對牛的照護

農家養的牛，貢獻很大，養牛的主人對牛的照護也都很用心與周到。一般農家對牛的照護要點如下所述：

1. 割草餵牛

牛是反芻動物，以草為重要飼料。農民常到田中或水溝邊割草來餵牛，割草的工作可能落在小孩身上。在甘蔗收成的季節，多數農家都會有一個人至收穫的甘蔗園中撿拾甘蔗的綠葉，供為牛飼料。有時農家會將新鮮番薯葉加上廚餘水，供給牛食用。早期農家少有生產牧草，故也未見有農家購買牧草餵牛的情形。

2. 悶燒乾柴生煙驅趕蚊蟲

早期農村地區都鮮有消毒環保，在夏季蚊蟲猖獗。蚊蟲在黃昏時刻常會飛到牛身上吸食牛的血液。牛主人為了保護牛，常以悶燒柴草的方法，使其冒煙驅走蚊蟲，保護牛隻，少被吸血傷害。

悶燒乾柴要有技巧，柴草太潮濕不能起火，太乾燥則容易起火卻不能生煙。為使能生煙，則使用的柴草乾濕度要能適中，有時需在乾柴上澆水。燒柴草冒煙驅蚊的地點，都是在庭院中接近牛之處。等到天黑時牛被送進牛舍後，為安全起見，就不再做。若再有蚊蟲侵襲牛隻，也只好由其侵擾。

3. 牽牛至窪地小水池中泡泥水降體溫納涼

所謂水牛，顧名思議是嗜好水的牛。水牛性喜好泥水，牛主人常牽牛至小水池中，讓牛浸在泥水裡翻身打滾。全身沾上一層泥漿，可以降低體溫及防止日晒，但是這種方法卻不適合黃牛。

牧童放牛

牧童放牛是中國及東南亞國家農村普通可見的景象。在過去臺灣的農村，也到處可見這種景象。放牛者不一定僅限於兒童，但以兒童為多，因為大人忙於田間的工作，農家乃將放牛的工作交由兒童去做。

在臺灣的農家兒童所放的牛並非多數，普通只有一頭。一般都用繩子穿過牛鼻，由兒童牽著至水溝邊的草坪上餵草。有時牧童偷懶，將牛繩放鬆，任由溫馴的水牛自由吃草。

放牛的牧童，喜歡與鄰居的玩伴一起出門，一起回家。兒童利用牛吃草的時間，可與同伴們玩在一起。然而牛與牛之間卻不能走得太過接近，以防互鬥。通常母牛不會有互鬥的危險，公牛如果閹割過了，性情較溫馴，也少有互鬥的衝動。但是未經閹割的公牛，就較危險，碰在一起很容易互相打鬥，而且互鬥起來沒完沒了，持續的時間很久，甚至連主人都不認，很容易傷人，甚至會踩死人。在農村中發狂的牛所踩死的人多半是牛主人的熟人，事故發生後常以和解理賠了事，少有告到官府，但是也會導致喪家與牛主人兩家人失和，牛所惹出的事端之嚴重莫此為甚。

牛的柔順與勇猛

多半的水牛性情都很柔順，柔順的母牛、去勢的公牛與老牛與人相處都能和平。牛主人可以伸手進入牛的口中摸牙齒，可以用手幫助母牛助產接生，可將一枝接一枝的甘蔗嫩葉放進牛嘴裡，可催促牛拖車、犁田，牛都能接受，都會照辦。有時牛的步伐慢一點，主人為了趕速度，用藤條鞭打牛背，也都逆來順受，不會吭聲與反抗。在農民飼養的多種家畜與家禽中，水牛可算是最柔順與聽話的一種。

但是水牛也有勇猛的性格，勇的方面最主要的是力氣大。農民為了考驗牛的力氣，常用幾種辦法：第一種是在牛車上坐滿壯漢；第二種是在牛車的輪子串插棍子，增加阻力，考驗牛的拖拉力氣；第三種是在牛車上置放重量物品，考驗牛的爬坡耐力。經由這些方法，可考驗與比較出牛的英勇力氣程度。其意義就像大力士舉推重物與其他比賽，總有辦法比出力氣的大小。由這些比賽的方法與過程，可以選出較有力氣與較無力氣的牛，從中論定買賣的價碼。

一般公牛都較勇猛，但會互鬥，主人為了防止公牛逞兇互鬥，最常做的方法是將之去勢或閹割。因此在農村養牛鼎盛的時代，數個村里方圓之內常會有一個聞名的獸醫師，專為公牛做閹割或去勢的手術。這些獸醫多半未經過學校正規的學術薰陶與磨練，而是在當學徒時跟師傅學習得來，或由祖傳繼承手藝。這時期的大學農學院或農業職業學校獸醫科系很少，少數的正規畢業生，多半在公家機關任職，閹割牛這種工作多半是由無執照的赤腳獸醫擔任。

獸醫閹割牛的過程，主要是要先將大公牛推倒，用繩子將其四腳綁在大樹幹上，用一盆清水將牛的睪丸四周洗淨後，用利刀將睪丸表皮割開，將其兩個睪丸切下，再將傷口縫合，塗上消炎油膏，就算完成。割下的睪丸由獸醫拿走，如果主人要求，也可交給主人拿去煮麻油酒，但多半的主人都不忍將之吃食，因此習慣上都由獸醫帶走。這種看來很粗糙的手術過程，會有傷口發炎的危險性。但因牛的抵抗力強，少見手術後傷口嚴重發炎與潰爛的情形。

到牛墟買牛與賣牛

當為商品的東西都要有個買賣的商場，牛也有買賣的地方。為了便利牛的買賣，乃有牛墟之設置。這種牛市場通常都設在四周圍有牛分布的中心地點。嘉南平原的若干市鎮是重要的牛墟分布所在。以二次世界結束後短時間內為例，臺灣的四大牛墟是北港、鹽水、善化與新化。其中有一個在雲林縣，三個全在昔日的臺南縣。農民及商家要買賣牛隻，常要到牛墟進行。.

在牛墟的買賣行為是一種趕集的性質，不是每日都開市，有的在每月的一、四、七日開市，有的市開在二、五、八日，又有的開在三、六、九日。不同的牛墟在不同的日子開市，可方便需求者與供應者有較多選擇的機會。一般到牛墟買賣牛者，以附近的農民為多，但也有可能來自較遠地的商販。

農民選購牛主要注意幾個要素：種類、性別、牛齡、骨架、體形、力氣及大小等，都是重要的考慮因素。當成畜力用的牛當然以年青、高大、健壯、有力者為上等貨，價格必然也較高。反之年老、體形瘦小、無力者價錢都較低。若有人買牛是以屠宰為目的，就會選擇年齡較老，價錢較便宜者。

附近的農民到牛墟買牛可能步行或騎腳踏車去，卻必須與買到的牛一起步行回家。買家通常會在新買的牛角上貼上一片紅布或紅紙，表示吉祥或歡迎之意。與掛紅線迎接娶進門的新娘有異曲同工之妙。牛被牽進門就成為家庭的一員，與家中養的貓狗相同，都會受到主人的照護，主人最低程度都得供應食物與飲水，並安排住處。農家通常會在廂房的邊間，設備較簡陋的一處當為牛舍。有些較為貧困的農家，會在牛舍內設一床，供人畜同房。我小時與祖父同在牛舍中的床睡了好幾年，蚊子多，則需要掛蚊帳，但可憐的牛得被蚊蟲吸血到飽。

我在小時也當過牧童牧牛，曾牽著牛與鄰居的同儕玩伴一起到小溪邊放牛吃草。有一次曾遭遇相當危險的境遇，我想學習其他玩伴朋友騎在牛背上行走，卻因為在爬上牛背時，惹毛了我家的老母牛，牛角一捧，將我摔倒在地。幸好，牛未有進一步的衝動，如果回頭再用牛角觸我一下，恐會穿破我的肚皮，就可能喪命，從此我再也不敢再去嚐試騎牛。

水牛的精神與價值

臺灣農村存在的水牛與黃牛稍有不同的性質，其被主人喜愛的優點也各有不同，黃牛走路較輕快，也較能耐旱，主人不必驅趕到水池中泡水或泡泥漿。當為肉牛用，黃牛肉質也較為細軟，較容易煮爛。但是水牛有其耐操吃苦的特性，也較適應臺灣潮濕的氣候及多水的地理條件。其中水牛吃苦耐勞的特性被人譽為一種可貴的精神表徵，也常以此種精神來誇獎與鼓勵努力吃苦和不與人爭權奪利的美德。

水牛體形粗壯，也是其重要價值之一，因此被比喻成水牛的人，通常也不是體形瘦小，力氣軟弱之輩，而是較為身強體壯，孔武有力之人。默默耕耘，少有聲音也是臺灣水牛的特性與價值。有些人一吃小虧，就爭吵不休，或有點小成就便誇口喧嚷，這些性格都與水牛精神與價值不同。

水牛還有一種重要的精神與價值是工作至老至死。少見有提早退休或靜養的時刻，只要能動，就被主人充分利用來使力。既使有病，也少受到主人注意而讓其休息者。一個農家通常只養一頭牛，一頭牛要配合一家多個人的工作與行動，故主人通常很少能令其休息暫停活動。這也是多數的水牛都得折磨至死方休，是有點殘忍與不平，卻也是水牛的偉大之處。許多農民的精神與水牛的這種精神相近。但務農以外的人，這種工作至終的精神就相對較為少見。

十二生肖中牛的排行故事

傳說中的十二生肖，排行的順序是以游泳過河時抵達對岸目標先後排名的。牛在入選的十二種動物中排列第二，僅次於老鼠。實際上老鼠游水並不如牛快速，而是在比賽時，停在牛角上，牛本性寬容大度並不在乎，當牛接近岸邊時，靈敏狡猾的老鼠一躍到岸上，成為最先抵達的冠軍者。

此種傳說當然是人類編造出來的，但卻也有其合理的成分。水牛善於游水是事實，這種技能是天生的本能，雖然牛的力氣之大，耐力之強恐也難擋洪流大浪，但在平靜的河中游水並無難處，很少看到牛會被溺斃的情形。老鼠雖然也有游泳的本事，但畢竟個子太小，前進的速度無法快過大牛。

十二生肖中缺乏鴨子與貓這兩種動物，傳說是兩者都被騙了而錯過比賽渡河的時機，於是鴨子氣扁了嘴，貓氣喘得呼吸不順，會發聲音。

牛的藝術與政治文化象徵

大體說來，牛是被人類喜愛與珍惜的動物，人類常在藝術、政治與文化上給其地位並加讚揚，富以象徵性的意義並加重視。在藝術的體系中，畫家常愛繪畫有牛或牛群的風景。雕刻家常愛雕刻牛的木雕、銅雕或石雕。球隊有用牛為名者。政治的人物或組織團體有者取自與牛有關的名稱或別名。國徽中也有注入牛象者。在文化上有關牛或其相關的名稱會出現在可吃的食物、可穿的衣物或可用的器物上。以牛為名的人、物或事多半都偏愛其正面的優點，包括強壯有力、溫順認命、吃苦耐勞、不計較、肯吃虧等高貴的特性與象徵。在印度佛教徒的心目中，將牛視為神聖之物，對其特別敬重與謙讓。

然而在臺灣農民的心目中，並未將牛看成形式上的高貴象徵，都比較從日常生活中感受到牛的幫助之大，也感受到與其關係親近，因而加以愛惜。在農家甚少飼養無實際用途的寵物，飼養牛與貓狗，都當為實用的伙伴，但對其愛護卻也都視同與寵物並無多大差異。

嫁妝一牛車

「嫁妝一牛車」原是農村人婚嫁時的一種風俗，後來卻演變成一種典故，甚至變成一種取笑他人的話。原是一種婚嫁風俗的緣由，當農村人出嫁女兒時，娘家可能送給女兒一牛車的嫁妝，但都是日常生活的用品，包括桌椅、洗滌用具、棉被、炊煮的鍋鼎、茶壺、茶具及衣物等。這些多半是粗糙的用具，裝在一起，也大約滿滿的一牛車。說「一牛車」而不是一卡車，乃因早前牛車是農村地區的唯一運輸工具，既無卡車，也無貨車。

如果不用牛車，只好找幾個人力幫忙挑擔。贈送女兒嫁妝是多數父母都會實現的心願，女兒前半生在娘家幫忙農事，也甚辛苦，按風俗，出嫁的女兒都不分享田產，故當父母者都於女兒出嫁時贈送一些生活必需品，當為嫁妝。這種風俗在嘉南平原地區普遍盛行。後來全臺灣他地的人就有個刻板印象，以為娶了臺南地區的新娘必能獲得一牛車的嫁妝。有些貪財的男人，就會有此種期望。

一牛車的嫁妝如果裝的都是值錢的金銀細軟或現金，確實會值很多錢。但一般窮農夫嫁女兒，附帶的嫁妝都是粗重的物品，也都值不了多少錢。但較有錢的人家嫁女兒，一牛車的嫁妝就相對較為值錢。

有關「嫁妝一牛車」的故事不少，當富人嫁女兒裝滿值錢的一牛車嫁妝就很令人羨慕。但有人娶妻時，若未得到女方給嫁妝，則閒人就會以此話來諷刺或取笑。臺灣也曾製作一部臺語影片，取名「嫁妝一牛車」，內容卻是描寫一個幫人駕牛車的老實人，因沒太大本事，三餐吃不飽，老婆偷偷與一位做小生意的外來人有點不正常關係，因為這位小生意人常給他們一家人米糧。此部影片將「嫁妝一牛車」比做與「賣妻做大舅」的含意相當，也甚是諷刺。

第七章 養豬副業與有關豬的職業

養豬的重要性

養豬是農家重要傳統副業。在早期幾乎每戶農家都有飼養，這時期全國消費者所需要的豬肉幾乎全部來自農家所飼養的零星毛豬，幾乎未有來自專業性的大型養豬場者。由此可見農家養豬的重要性，重要的地方約可分成數點說明。

1. 增加收入

農家養豬不是養好玩的，而是以能增加收入為主要目的。臺灣是小農的國家，每戶農家擁有耕地面積都很狹小，僅以種田養家糊口很不充足，養豬成為農家普遍共同的最重要副業，其收入在全家總收入的比例很高。有些擁有狹小土地的農家，養豬的收入有可能高過耕作的收入。

養豬的事業雖然有風險，若得瘟疫，就無收入，但這種風險並不一定比農作物遭遇風災、水災與旱災的機率高。農家期望養豬的收入，有時反而比較可靠。

2. 製造廄肥

農家養豬的第二目的是製造廄肥，也即是豬糞肥。這種肥料對增進農地的地力比化學肥料更佳，田地如果缺乏此種肥料，五穀會歉收。

農家養豬製造廄肥，可用自己力量提高地力，購買化學肥料常因為手頭緊而無力購買。在豬舍中製造廐肥的原料來自豬糞尿及甘蔗葉或稻草，也有使用野草及垃圾來製造的情形。養豬的數量越多，可製作的廐肥也越多，可供應的農田面積也越廣。因此農家養豬的數量，常與其擁有農地的面積成正相關。

3. 供應內需

農家養豬很少是為自己消費，但偶而也會因為自己需要而養豬。此種需要主要是為謝神，供應兒女婚宴上的食材，或演戲請客時的用肉，但是此種需求並不常見。

自己要消費的豬，多半選用公豬，尤其是神豬必須用公豬，且要養得很肥大。一般毛豬養到近百臺斤就要出售，再養下去，飼料吃得多，成長速度會遞減。但是神豬卻常被養到百多臺斤以上，農家都不計較飼料成本，將其養得越肥大，表示對神的敬意越足夠。

自育與購買小豬

農家養豬，先要有小豬。小豬的來源則有自己培育及購買得來兩種。

1. 培育小豬

農家能夠自己培養小豬，就不必花錢購買，如果母豬生多了小豬，還可賣掉全部或一部分。為能自己培育小豬，就先要培育母豬，母豬多半也是從自己飼養的豬群中挑選而留下者。留作母豬者，多半是體形較為壯碩，健康情況較為良好者。

母豬每胎出生的小豬數量約有七、八隻以上，但也有較少的情形。小豬的數目如果超過預期飼養的數量，主人可能將多餘部分賣掉。農家留養的小豬有時是留下較大的，但常事與願違，卻要留下較小的。依照自己的喜好，當然希望留下較大的，因為發育成長的條件會較佳。但常因買方也要選擇大隻的，最後自己只能保留較小的豬。

2. 購買小豬

農家想要養豬，若不能自家培育小豬，或想要養些自己缺乏的品種，就得向外購買小豬。購買的對象有時是其他農家，有時則是大型專業的種豬場。

養育小豬所提供的飼料，與供應給大豬者不同。常要從提供液狀的飼料開始，如吸吮母豬的乳汁。情況如同養育嬰兒，先吸吮母乳或米湯，而後再改成固體的飼料。農家提供給小豬的液狀飼料，多半都較有營養性。

建設豬舍

農家要養豬，必須要有豬舍。豬舍常被設計在離開人住的房間及活動的空間最遠的角落。如果住家的用地較廣，豬舍會與人的住屋分離。

較現代化的豬舍，都很注重清潔衛生，常要裝置噴水清洗的設備。但老式傳統的豬舍，則都缺乏這些設備。一般豬舍的設施都很簡陋，豬舍的四周常只用簡單的圍欄，並無密封的牆壁。豬舍的大小決定了養豬的數量，實際上豬舍的大小除了受到計劃中飼養豬隻數量的影響外，也受宅院空間大小決定。

豬舍的作用是供給豬進食、活動與休息的場所，也是農家製作廄肥的地方，因此都劃分成兩大部分：進食與休息的地方位置較高，也較方便人的接近；給豬排泄糞尿製作廄肥的地方位置較低，可較方便接受或堆積豬糞尿與廄肥。但兩部分高低的差別不可太大，否則不方便豬走動。在豬舍下層堆積廄肥的部分要開設一個大門，使能方便牛車接近並清理及運送積滿的廄肥。

自製飼料與選購豆餅

農家用的豬飼料需要自己製作與調配。豬飼料多半都很粗糙，廚餘是很重要的飼料。通常自家的廚餘數量不多，都不夠使用，也難從鄰居與村人得到，因其普遍都有養豬，廚餘都留著自用。只見在都市內或郊區養豬的農民，因鄰近會有較多未有養豬人家，才有可能撿拾他家的廚餘。當農家僅靠自家廚餘的豬飼料會有普遍不足的情況，乃需要再製作他種飼料，最常見的方法是，將晒乾的番薯簽混合新鮮的番薯葉與蔬菜葉，煮成一大鍋，就足夠供應數日之用。因為豬的食量大，故要動用大鍋。農家的廚房常設有大、小兩種灶，用大灶煮豬飼料，用小灶煮飯菜。自製的豬飼料不會加進成長素，也不加維生素或瘦肉精，營養度不高，但也不含對人體有害毒物。套句今日的用詞，吃這種飼料的豬是有機豬，也是自然豬，理論上價格應該比使用維生素、成長素等藥物的豬要貴上兩、三倍。其實不然！當時未有或少見豬吃的健康食品，若有，農民也買不起。因此養有機豬是常態，而不是特性。但今日若能養有機豬，就可特別標榜，也必能賣到較高的價錢。

有時農民考慮要使豬成長良好，會購買豆餅刨成細粉或碎片摻入在日常的飼料中，一來可以刺激豬的食慾，二來可增加飼料的營養分。豆餅是榨油廠使用黃豆等豆類榨油後的剩餘殘渣做成，形狀呈一個大圓餅，重量約三、四十斤。

豆餅的價格對農民而言，並不低廉，故農民都僅能偶而購買少數幾片。市面上的豆餅有若干不同種類，視包含豆渣的種類以及重量的多少而定。不同品牌的豆餅品質與重量不同，價格也不相同，農民都會慎加選用。

有些鄉村地方的小型榨油廠，幫助農民榨油時，會留下少量豆渣或其他物品，擠壓成形狀不很規則的無牌或雜牌豆餅，賣給附近養豬的農民。

如果農民認為購買這種無牌或雜牌的豆餅較為合算，便會就近購買使用。

農民選購豆餅首先要看原料是屬何種豆類，接著要看新鮮度，並要聞其味道是否有點香氣。當然價錢也是購買時必要考慮的條件。對豬而言，豆餅是高等食品，農民也都會很細心使用與存放，放置的地點不可太潮濕，也要注意通風，才不會長霉變壞。

賣豬的時機與要訣

1. 時機

農家養豬主要是當作副業，也以賣錢為主要目的。農家賣豬的時機有兩個重要的考慮因素：其一是豬的大小，其二是家中需錢的急迫性。豬被主人出售時可小可大，小豬是賣給他家飼養用，大豬則賣去屠宰用。很少情況是當豬不大不小時被賣掉的。

當農家需錢殷切時，必然會想到將豬賣錢。當然豬的大小也要適合出售才會賣。如果豬已長大，但家中並不迫切需錢，主人可能會多養些時日，至豬價較好時或需錢較為迫切時才賣。

2. 要訣

農家售賣豬的要訣之一是，買者必須是熟悉並有誠信之人。到鄉間產地買豬者，以當地豬販最為常見。有誠信之人不會亂殺價、不會亂報市場行情，也能照數付款。

嘉南平原一帶農村飼養的豬很多，除供就近屠宰外，更多是運往北部消費中心屠宰。也有不少從農家買來的豬，於匯集之後輸出到日本或香港等地者。將豬運往北部出售的豬販都會隨著豬車前往，賣錢後乘坐火車南回。據一位豬販轉述，將整卡車豬出售後得到的現金數量不少，放在外表不很乾淨的豬飼料鐵盒中比用手提袋提，還較安全。搭乘火車時就將大鐵盒子放在腳邊，不會有人看穿裡頭放的是鈔票。

有些豬農家在售賣豬的前晚會將豬餵飽，使能賺取重量。但道高一尺魔高一丈，如果同一主人要賣的量多，豬販可能於買賣前一晚就到農家守候，預防賣主做了手腳。但會做手腳的農民是少數，多數有誠信的農民並不需要豬販提防。

買賣毛豬時，使用的秤子都要講究標準公道，這也是交易的另一要訣條件。通常買方的豬販，有一支專用秤，可較方便使用。但曾有不守誠信的豬販在秤錘上下功夫，使其秤重時會有偏差，取得一點不法小利，老實的農民卻會損失。本來每一支秤都要先經過標準局檢驗合格之後，才能在市面上使用。但如果有人取巧，在秤錘上下功夫，加重其重量，就可使實際重量變輕。如果豬販以此法騙人，遲早都會被識破，失去信用後，就很難做人。這也是農民要售賣豬，都喜歡賣給認識的豬販。

豬的病死與防治

凡是有生命之物都有得病的可能，也都會死亡。人會生病與死亡，豬也會生病與死亡。個別的豬患病或許可經獸醫治療而康復，但如果多數的豬同時患同樣的病，就可能是患了傳染性的豬瘟，就很難治癒。在臺灣曾發生口蹄疫的豬瘟，豬死的數量很多，為防傳染，曾將死豬的屍體加以燒毀並掩埋。

農民養豬會得病可能出自幾個不同原因：第一因為飼料酸腐產生細菌；第二因為豬舍骯髒不衛生；第三因為傳染病菌的感染。因為前兩種原因而死的豬可能只是個別的豬，因為後一種原因而致死的豬，可能包括同豬舍中全部的豬。

當個別的豬生病時，農民可能請來獸醫打針下藥，但是當多數的豬集體遭遇瘟疫時，農民可能束手無策，靜待其集體死亡。

當農民養的豬死亡時，多半捨不得丟棄，雖然死豬肉可能有毒，但窮困的農民還是將之吃下肚。如果死的是小豬，則可能被丟進河中，隨流水飄浮而去。農村中曾流傳「死貓吊樹頭，死狗放水流」的諺語。對於死亡的小豬，也可能與死狗一般被丟入河中。有一個時期臺灣的鰻魚苗價格高漲，卻有農漁民意外在河裡的豬、狗屍體上及其附近撈到大量的小鰻魚苗，而發了一筆橫財。世界上食物鏈的原理又多了一項新的例證。

幫豬治病的獸醫師，在早期的農村中並不多見，僅在各地鄉鎮公所會聘任一位經過農校獸醫科教育的合格者。獸醫治病範圍多數僅及於牛與豬。對於雞、鴨、貓、犬則甚少過問。因農民飼養的雞鴨數量不多，主要是養一些在過年過節時自用者。飼養貓、犬也缺乏經濟性，未能賣錢。雞、鴨、貓、犬患病時主人很少請獸醫治療。但對牛與豬卻則另眼相看，認為花錢治療合算。

殺豬與販賣豬肉

農民普遍養豬，但很少自己殺豬，通常僅在兩種情況殺豬：一種是謝神祭典，另一種嫁娶喜事。也有少數人在某種特殊的慶功聚會上會殺豬，讓一起慶功的人吃大塊豬肉。在農村中有半農半商的豬肉販，經常會殺豬賣肉，但豬肉商所殺的豬都不是自己養的，而是買來的。

豬被殺時會吼叫，宰殺後要洗去血液，處理內臟與豬毛，在農家中的廚房不很適合操作。在日據時代每一村莊都設有一處殺豬用的公共豬灶，設施雖簡陋，但都鋪上水泥，方便清洗。豬灶內燒水的鍋都較農家用的大，能將整頭豬丟進大鍋中燙毛皮，方便去毛。豬灶內有較大空間，也較方便處理豬的內臟等程序。公設的豬灶是供給村民方便屠宰之用，但是如果村民私宰豬隻，未繳納稅金，都不敢使用公設的豬灶，怕太張揚，會被檢舉受到官方處罰。也因此農村中的公用豬灶，常形同廢墟。

記得我在童年之時，有一天近中午的時分與鄰居幾個同儕到村子邊緣的野外玩耍，忽然警笛作響，緊接著是從太平洋航空母艦飛來的美軍轟炸機，徘徊在我村子的上空，接著丟下兩顆炸彈，分別炸掉兩間民房。話說當警笛作響時，一起玩耍的同伴紛紛躲進附近的甘蔗田，我因穿了一件顏色鮮明的上衣，被同伴推出，不讓我躲在一起。不得已，我就躲進附近豬灶的牆角，從躲避處抬頭可清楚看到飛機在空中盤旋，並投下炸彈的實景，至今記憶猶新。

農村中一般都缺乏菜市場，可能因為多半家庭都食用自種的蔬菜，但過節時還是需要買點豬肉祭拜神明或祖先。為了供應偶而買肉農民的需求，在過節的日子，會有流動肉販到小村中叫賣。但在較大的村子，肉販可能經常設攤在路邊的固定地點，方便村民或過路的外村人購買豬肉。

農村中叫賣豬肉的小販多半是家無恆產或僅有少量土地者，很難靠土地的生產過活，故不得不做點小生意糊口。我有一位小學的同學，住在鄰近的村子，後來娶我村中一位女子為妻，搬到我村中賣一陣子的豬肉，後來不知得了何種怪病，先是以為是感冒，發熱幾天就過世了。見到同學過世，難免感到哀傷。

記憶中小時候看到以土法殺豬的景象是，殺豬的人先磨好一把銳利的尖刀，將豬四腳綑綁後，一刀刺進豬喉嚨，被殺的豬慘叫幾聲後，血流完了，就沒氣了。動刀的人是有幾分殘酷，卻也很有膽量。刀法好，一刀斃命。也因此過去發生過殺人命案時，法醫都很注意刀法，如果刀法太過專業，常會懷疑曾是當過屠夫者所為。

牽豬哥配種

話說養豬的工作，少不了要提到牽豬哥配種這件事。農民養豬通常少不了要有一隻可生小豬的母豬。但要母豬生小豬，得先配種。配種的公豬通常有專人飼養，被牽趕到需要的農家服務，稱為牽豬哥配種。專業牽豬哥者可能不只養一隻配種用的公豬，因此他的生意通常也很興隆不衰。公豬配種服務的範圍以本村為主，但也可能跨越到附近的村莊。

配種工作後來被較有技術的人工授精方法取代。人工授精的方法先由公設的畜產所及其分所，以技術性的方法取出公豬的精液並加保存，分配給各鄉鎮獸醫師使用，由獸醫師到鄉鎮內為農家服務。後來有些民間學會了技術，也會照本宣科使用此法。由於人工授精的方法可較節省公豬來回走動時間，也可方便選擇較好公豬的品種。

農村養豬事業的演變

養豬事業在農村逐漸有了變化。早年是家家戶戶都飼養，後來逐漸發展出大養豬場，地點常設立在村子外，養主則常是來自外地的企業家，如飼料廠的老闆。當大養豬業最興盛的時候，也是農村衛生環境最惡劣的時候。大養豬場排放的汙水很骯髒，空氣中也散佈惡臭的氣味。

大養豬場的事業因為發生口蹄疫而萎縮，口蹄疫斷送了臺灣養豬事業的發展，但公平而論，卻也解救了臺灣農村的環境衛生。雖然也有些大養豬場對於污水處理工作都能重視，但未做好處理者也很多。如果臺灣有一天成為先進國家，鄉村成為人民喜歡居住的地方，則大型養豬場必也非先受到節制不可。

第八章 養雞生蛋與相關秘辛

農家養雞的目的

農家養雞的主要目的是當成副食，不是普通副食，是上等副食，只有在重要的日子才會殺來食用。重要的日子包括祭拜神明祖先，宴請貴客，以及養生進補之時。雞肉既美味又營養，但窮困的農家養的雞不多，不能天天都享用，只在重要的日子，才會殺雞享用。有時家中殺了雞，一部分人只能喝雞湯或吃雞腳，卻吃不到雞肉。

有些農家手頭緊，好不容易養大的幾隻雞捨不得殺來自己食用，而是賣給雞販獲得現金。忙碌了一場，享用不到雞肉的美味，卻能得現金救急一時。

農家養雞也有生產肥料的用途，雞舍中的雞糞便過一陣子都要清除一番，散撒在田裡。雞糞的肥力也很高，不亞於豬糞尿。雞糞肥晒乾後可用做較精製的肥料，施放在蔬菜及果樹的根部，有助蔬菜或果樹成長與發育。

農民養雞較多是平時就飼養，有備無患，到需要屠宰或賣錢時，就有雞可殺可賣。但也有些較有計劃的農家，為預計中的特殊用途而養雞，例如有媳婦或女兒將生產，預先養雞當成做月子期間補身之用，或預知家中有重要日子需要宴客，而預先養雞，以備供應。

雞蛋供做煎蛋或煮蛋，也可賣幾個零用錢，這也是農家養雞的另一重要目的。家中若有幾顆雞蛋，可供上學的小孩當便當菜，也可煮酒，供給剛生育的婦女補身。家中若有雞蛋，當親戚朋友來家用餐時，就可做出一道端得出去的菜，可替主人救急。

可愛小雞的誕生

農家養雞常是經自己手從雞蛋孵育出小雞而後養大。孵育中的雞蛋有些可以孵出雞，有些卻不行。如果蛋不能被孵出雞，就常會變成臭蛋，能孵出雞的蛋，會先形成血絲，也就有了生命的跡象。孵蛋期間約二十天，經母雞寸步不離的孵育，終會孵育出一窩小雞。

人們常見剛破殼的小雞，形狀圓滾滾，很像有毛的蛋，頭圓、身也圓，走起路來搖搖擺擺，毛髮也甚柔軟光滑可愛。出生不久的小雞，都會成群結隊，跟在母雞身邊，隨母雞到籬笆邊或草地上覓食小昆蟲或其他食物。在寒冬的夜裡，同母誕生的小雞都會圍在母雞身邊取暖過夜，享盡母親的溫暖與照護。母雞與小雞的關係尚且如此合乎情理，有些狠心的人母卻有丟棄自己所生的嬰兒於不顧，或對之加以虐待，比起母雞，更缺乏人性。比較被放棄或受虐待的嬰兒，小雞能得到母雞的呵護，更幸福多了。

農家孵育的小雞，常被當成禮物送人飼養，被贈送的人必為主人的至親好友。接受到贈送小雞的人，對之都會特別的愛惜並加以細心照料。小雞嘴小，飼料必須特別調製，尤其必要切碎，使其容易吞食下肚。

不很守規矩卻又容易被誘惑的家禽

1. 不很守規矩

雞是很靈活的家禽，讓其自由活動，可走、可跳、也可飛。常言「雞飛狗跳」，可見雞的動作有很靈活的一面。雞在三種情形下會飛：一種是被追捕的時候；另一種是飛上飯桌上尋食的時候；第三種是飛上雞舍的橫架棲息的時候。雞不守規矩，指的是亂飛亂叫以及亂排放雞屎。在農家中當主人不注意時，雞常會飛上飯桌，又會排放雞屎，真不衛生，也令人尷尬。

2. 容易被誘惑

雞容易被誘惑的時候是指，當人手中拿把米，就很容易引誘雞前來食米，也就容易捕捉到手。因此常言道:「用一把米可以偷雞」；或說「偷雞需要一把米」，這都說明了雞不難被誘惑。雞常會為了食而死，事實上，容易為了食而死者不僅限於雞，其他許多動物包括人類，都有這個可能。廣義的食不僅限於吃下食物，也包括貪戀錢財及名利。正如所謂「人為財死，鳥為食亡」。

在生命網中，雞可吃的生物不多，最愛吃昆蟲。但會吃雞的動物卻有不少，野狗、蛇及豺、狼、虎、豹等動物都會吃雞。因此在動物生態中，雞常會被這些動物窮追或誘惑而被吃掉。

給雞棲息的雞舍

白天雞可到處走動，但夜晚時雞需要有棲身之處。一般農家都會設置一處簡陋的雞舍。只要有屋頂可遮雨，內設有可供雞站立或蹲下的架子，就能使雞在其中度過一生。這種簡陋雞舍多半都是用竹材建造而成。不像今日的大養雞場設施，通風、清潔都較良好。然而今日的大養雞場，雞可走動的空間卻很狹窄，每日二十四小時都被關在籠子裡，缺乏運動，故其肉質都較鬆軟，肉味也較不鮮美，所謂「飼料雞」便是。

在農宅的結構中，雞舍的位置既不能離人寢室太近，也不能太遠。距離太近，雞糞的臭味太重，對人體的衛生不良。太遠則在夜晚若有人偷雞，主人不容易能警覺。有時主人為防飼養的雞被偷，會在雞舍的旁邊放一隻狗。嚇嚇小偷，也替主人保衛睡眠中的雞不被偷走。

絕佳風味的土雞肉

農家養的雞，白天都在庭院裡亂跑亂跳，運動量夠，可稱為十足的土雞。土雞的肉質結實，味道鮮美，是餐桌上的好菜，在菜市場的價格也比飼料雞的價格貴。

農家自養土雞的吃法有許多種，可用白斬、油炸、加上甜酸佐料、醬爆、煮湯、加中藥或洋菇、用火燉、炒青菜或做成雞肉米糕等。但在農家則常見雞肉和醃黃瓜一起煮，或只用鹽巴煎煮，主要目的在能下飯，而非講究美食。農家常煮的雞肉味道很鹹，一兩小塊雞肉就可下一餐飯。這樣吃法，一隻雞的肉足夠一家人吃好幾餐，小孩子也才不會哭訴食無肉。

一隻雞的肉質最好的部分常被認為是雞腿，雞腿則常給家中最重要的人吃。有的家庭，尊敬老人，於是將雞腿孝敬老人。有的家庭特別疼愛小孩，則將雞腿保留給小孩吃。如果小孩子多，較小的吃雞腿的可能性會較大，表示具有愛護弱小的意義。

農家自養的雞通常都不用抗生素，也就可相信較無毒性。一般雞的體積較小，肉也較少加工後再食用，因此也較少含有添加物的毒素。

自從鄉村旅遊較為發達以後，到鄉村吃雞，變成一種招攬遊客或應對遊客需求的方法。在休閒農場供應城市來遊客的雞肉，常見有桶子雞、土窯雞、鳳梨雞、燒酒雞、何首烏雞、四物雞、麻油雞等不同風味。甚至還有學韓國人的做法，也供應人參雞。不同名稱雞的風味各不相同，也各能符合不同遊客的口味。

母雞生蛋與老祖母賣雞蛋

農家養雞的另一目的是能生產雞蛋，僅有母雞能生蛋，公雞生不了蛋，但母雞太老同樣沒辦法生蛋。也因此農村的人諷刺不能生育的婦女為老母雞。

能生蛋的母雞，其生理發育要到一定的成熟度。主人為使其生蛋，就暫時不殺，但終會致使其肉質變老。老母雞的肉不容易煮爛，故在菜市場上會較無價。母雞生蛋的時間最常在清晨時分，農家養的雞下蛋時都會叫幾聲，不知是因減輕負擔的舒適感覺，抑或是一種成就表現？也許是為提醒主人前來撿蛋。主人為使母雞生出的蛋不被打破，常在雞舍地上鋪上稻草，可減輕蛋與地面的撞擊力。目前大養雞場設施就不一樣，母雞會將蛋生在自己獨立活動的格子裡。而大養雞場飼養的生蛋雞全數都是母雞，生蛋時，並不會像小農家飼養的母雞一般，會有特殊的叫聲反應，也可能是因為左右鄰居的雞都會生蛋，無特殊的光榮感或成就感之故。

母雞生在雞舍的蛋，如果主人未及時撿起，有被母雞自己踩破的可能，或被蛇吞食的危險性。大蛇不僅會吞食雞蛋，甚至會將整隻雞都吞食掉。住在山林間或村外獨立農家，遇到大蛇威脅的可能性較大。但自從農地上的農藥用多了，蛇也難倖免被毒害，如今已很少見。

養母雞生蛋若非自用而要賣錢，都會賣給收購的專人。早期農村中都會有老婦人到附近的村莊收買雞蛋，農家中與之接觸者多半也是留在屋內看家不必下田工作的老祖母，因此賣雞蛋的事都是老祖母在接洽。

購買雞蛋的婦人因為活動空間較廣，認識人較多，常與人東家長與西家短，閒話之下，也知道那家兒女長大而未成親，乃常成為說親的媒婆。事成也可賺個紅包，算是額外的收穫，不成也不必多花走路工。聽我祖母說，我在大學快畢業時，鄰村買雞蛋的老婦人曾向我祖母提出要為我做媒，我回鄉時祖母也提過，但我因沒打算那麼早婚，此事也就不了了之。

早期雞蛋的銷售過程和許多農產品一樣，先有小販到村中收購。匯集到集貨商處，成大數量後，再分裝在籃子裡。集滿一車後載往城市消費地，賣給中盤商，再由其分散到零售的商店賣給消費者。經由很多零星小販收購起來的雞蛋，大小及外觀顏色會有差別，需稍做分級，使用目測就不難篩選成較整齊劃一的等級。消費者依其偏好選購大小不同的雞蛋，多數的消費者喜歡買較大的蛋，但路邊賣小吃的攤販或煎蛋餅的小販等，卻以能買到較小的雞蛋才較合算。

雞販與雞籠

過去農村中普遍也有從事以買雞的小販，雞販的工作是到村中從農家購買零星的雞，而後轉賣給較大的雞商，再轉賣到都市地區，或就近轉賣給飲食店。雞販在買雞時都騎腳踏車，在後架上置放一個用竹片編織的雞籠，買到的雞被放到竹籠中，直到裝滿了雞，才停止購買。

雞販除了要有雞籠的看家設施外，還要有捕捉雞的網。捕捉雞時先由數人加以圍捕，隨後用網捕捉。被主人賣掉的雞大概都活命不久，就會被宰殺。有些主人在賣雞之前，會先餵食，目的不在增加體重，而是有點彌補心中虧欠之意。

買雞的小販多半是農村中無恆產之人，全靠買賣雞賺取小利謀生。雞販的本錢少，活動的範圍狹窄，買賣的數量也不多。因此，雞販雖然賺不了大錢，但也不會虧損太多。但也有雞販將本錢賠用光了，再也無能力買雞。

雞籠的編製是由有技術的師傅做成。會編製雞籠的師傅通常也會編製其他多種竹器物，包括竹製大小盤、竹製的菜籃子、竹椅、及竹的床等。

這些師傅多半住在農村中，以製作竹器當為專業或兼業，成品則在家中自售，也有批發給家俱店，在人潮較多的街上賣。有些師傅會在街上租店，一邊編製，一邊出售成品。因為竹子的素材占空間，這種店不宜設在人潮太多的鬧街，最可能設在鎮上有較多空間的邊緣地帶。

自從塑膠產品發達以後，許多以前的竹器，都被塑膠產品取代，包括裝雞用的籠子，後來也用塑膠材料製成。各種塑膠產品都用機械生產，再也不是像竹器都由師傅的手工製成。機械化取代了費力的人工，卻也謀殺了人類巧妙的手藝，磨滅了人類許多方面的生活品味。對這種轉變，說好的人可能較多，說不好的人可能較少，但有些人的生活本領，卻徹底被機械打敗。時勢所逼，也是無可奈何的事。

養雞的娛樂與禮俗的用途

許多人飼養的動物或栽培的植物，常被人類當為休閒娛樂的目的物。動物中的狗是人類的第一號寵物，除看門外，也幫助主人追捕獵物、參加比賽、或玩把戲等。植物中的花卉是人類最喜歡用為裝飾佈置典禮會場，或供觀賞娛樂之用。其他多種動植物還可滿足人類的多種娛樂用途。人類養雞除了供為食肉之用外，偶而也被用來互相搏鬥，即所謂鬥雞。此種娛樂在西洋的工人社會常有所見，在臺灣農村並不常見，但偶而也有人為之。鬥雞時圍睹的觀眾都會很緊張興奮，也會有金錢的輸贏，以滿足娛樂的需求與目的。

臺灣農村社會中也有人把雞應用在禮俗方面，較常見的有兩種：一種是嫁娶之後，新娘初回娘家會從娘家帶回一隻「帶路雞」，希望能引導嫁出的女兒多回娘家探親。另一種常見的有關雞的禮俗是在廟堂裡斬雞頭，相當於對神明發重誓。當爭議不休的雙方，無法取得仲裁時，常會使出怪招。有爭議的人在神明面前斬雞頭發誓，目的在表明自己未有說謊，或願意照發誓的約束行為。如有虛假或言而無信，願意接受神明懲罰。事實上曾經斬雞頭發過誓的人，無誠信並不一定會受到神明處罰，但是雞却已犧牲了生命。

雞的小故事

我在初中時，看了一篇俄國作家撰寫的短篇小說──〈燎原〉，描述兩家鄰居因為小事的糾紛後把兩家的房子都燒掉。先是有一家人種植的爬藤爬過圍牆，雞也跳過圍牆，侵犯了鄰居，引發兩家爭吵不休，演變成激烈的衝突。不能容忍的一方，乃放火將對方的房子燒掉，自家的房子也未倖免於無情火的災難。本來是小小的衝突，演變成不可收拾的局面，正如題目隱含的「星星之火足以燎原」之意。本文在最前面即提到雞不很聽主人的話，如果因為跳到鄰居的家中，又碰到的是小氣且不可理喻的鄰居，就不無可能造成如〈燎原〉故事中的悲慘後果。

在臺灣的農村中尚未聽到如〈燎原〉之類的故事。但是有鵝因為吃了田裡的秧苗，引起田主的氣憤，被扭斷頸部的真實故事卻有所見。如果亂跑的雞，吃掉鄰家正在曝晒的稻穀或其他植物的種子或幼苗，就不無也有被扭斷脖子而引起糾紛的可能。如果東家養的雞，外出時被西家的狗咬死或吃掉了，則可能會引發養雞的東家先發難。

雞的故事也有正面者，古時缺乏鬧鐘與時鐘，夜間常以雞鳴做為判斷時辰的依據。農人在農忙期，常要一大早下田趕工，農婦需要一大早起來準備早餐。在天未亮時，通常以雞鳴判定時間。初次雞鳴在早晨三、四點，到了清晨五時左右，多數的公雞都會開始大叫。如果公雞都未啼叫，表示還在深夜，人就可多睡一些。

大戶人家或官大人等重要人物，擔心仇人在夜間襲擊，也會養些敏感的雞在入門處，做為警覺通報用。因為普通的雞不如雉雞敏感，故當警衛的雞以雉雞為多。但當找不到雉雞時，也養雞當警衛。但用雞通風報信，主人也要足夠警覺，才能確定雞也能保護主人；否則如果主人貪睡，警覺性不夠高，雖有雞騷動的通報，也不能確保主人不被謀害。

第九章 飼養鵝、鴨與羊群的趣味與事端

鵝、鴨戲水與雞不同

農家飼養鵝、鴨與養雞常同時進行，但是鵝、鴨與雞的習性與活動方式不同，飼料也不同。鵝、鴨與雞在習性上最大的不同處是，鵝與鴨嗜好水，喜歡在水中浮游，但是雞則不習慣近水。也因此在農村中池塘裡只會見到鵝與鴨，卻見不到雞。較大規模的養鴨人家，大多靠在河邊飼養。

鵝、鴨的體形比雞還大，肉質味道也與雞肉有所不同。一隻雞的重量約一、兩斤，一隻鵝的重量約有六、七斤，甚至有十斤以上者，鴨的重量也有三、四斤重。

鵝、鴨的特殊飼料

鵝的飼料主要是草與菜類，農家中自種的菜葉剁碎就是絕佳的鵝飼料。野生的蒲公英或其他野菜也都是重要的鵝飼料，在農閒時，農家的婦女常會專程到處割蒲公英及其他野菜供給鵝食用。鵝喜愛吃的野菜或青草常會長在甘蔗園中，農家的小孩乃可能趕鵝到甘蔗園中尋食。如果午後出門，到近黃昏快天黑，才趕著回家。如果是上午出門，則於近中午天熱時

趕回來。

鴨子最喜歡的食物是蚯蚓，因此農人常在一大早氣溫低，蚯蚓爬出地面時，或稻田中灌了水後，蚯蚓被逼出土面時，用掃把掃蚯蚓供鴨子食用。無蚯蚓可食時，鴨子也吃米糠或煮熟的番薯條與葉子等食物。在池塘或河邊的鴨子，也會自動尋食小魚蝦及水中的其他生物。

雞、鵝、鴨三種家禽中，鵝的食量最大，故飼養的數量都較少。雞的食量較小，飼養的數量則較多。鴨子的食量居於三者的第二位，故農家所飼養的數量也約在三者中間。農家飼養鵝的數量較少，也因為不是每戶農家都能方便接近水域，鵝不下水，總有一點不合本性。

鵝咬人或偷吃稻苗而惹人厭

臺灣農家飼養的鵝毛是白色者最為常見，鵝毛潔白，外表相當美觀，令人喜愛。但是鵝遇到人走近時，常會表現抗拒並咬人，尤其對於小孩，常會有攻擊的舉動。因會咬人，鵝的羽毛外表雖然美麗，也會被打折扣。人為了避免被鵝咬傷，就要特別小心，最好不要隨便接近。

不同的鵝凶悍的程度不一樣。較為凶惡的鵝，常被主人選擇優先殺掉與吃掉的對象，免得飼養太久，傷及家中的小孩，就很遺憾。

鵝喜愛細嫩的綠色農作物，故有些缺乏看守的鵝，會溜到村子外圍的農田，偷吃水稻及其他農作物的幼苗。田主見狀會很生氣，一氣之下，可能扭斷鵝的頭頸，或摔死。鵝主人見狀，有時也會心生不滿而與田主發生口角。

人吃鵝肉使鵝的身價抬高

鵝肉的味道比雞肉更甜美，故不少鄉村的食堂或料理店都以賣鵝肉為招牌菜。有些小鄉鎮因有多家這類餐廳，吸引不少外來的遊客，鵝肉也就成為當地的農特產。在臺南下營的外環道邊，就開了數家鵝家庄，經常都有外地人前去品嚐。

鵝肉的煮法有許多種，包括水煮、煙燻、滷味。水煮的鵝肉可以切片，也可煮湯。鵝的全身都可吃，除了肉，其內臟也都可吃，腸、腎、肝都可上桌，吸引人加以品嚐。餐廳供應鵝肉很講究醬料，沾了醬料，口感就會更佳。

本書在完稿之前，見到世界衛生組織公布 2012 年最健康的肉品，只有鵝肉、鴨肉與雞肉上榜，而且特別強調鵝肉與鴨肉的化學結構很接近橄欖油，對心臟很健康有益。其中鵝肉是健康肉食榜的冠軍。

紅面鴨與土番鴨

臺灣養的鴨子主要有兩種：一種是紅面鴨，也稱為「正鴨」；另一種是土番鴨，簡稱番鴨。由其名稱，可猜測到紅面鴨可能是較道地的原生種，番鴨可能是外來種，或引進之後再經改良者。

農民養鴨以當成副業者為多，但也有專業的養鴨人家。較大規模的養鴨場，都在河邊圍地飼養，也有以私有水塘為據點而飼養，主要的考量是鴨子的嗜水性，喜歡在水中浮潛、洗澡。缺水地方的鴨子就成為旱鴨子，較不能發揮體能，也較無用武之地。

鴨子個子大小介於雞和鵝之間。農民養鴨子，除為了吃肉，也為了吃蛋。養鴨人家也必生產及出賣鴨子及鴨蛋。從前在市場上可買到的鴨蛋比雞蛋多，而今鴨蛋幾乎很少見，都被大養雞場生產的雞蛋所取代。由此也可見，要大規模養鴨，比大規模養雞還困難。當養雞業發展之後，養鴨人家也逐漸少見。如今臺灣養鴨事業還較多保存的地方是宜蘭平原，農業技術系統在宜蘭地區設有一處鴨子的研究中心，當地也還保存板鴨的名產。

紅面鴨與番鴨的長相不同，紅面鴨臉紅，毛黑色或點綴白色，體形也較大，公鴨的紅臉，相當有特色。番鴨的毛褐色，體形相對較小，因其成長較快，也較容易飼養，因此被引進推廣。

鴨肉的吃法

鴨肉的吃法有許多種，但紅面鴨子與番鴨的吃法甚不相同。紅面鴨的吃法主要是煮薑片或燒酒，也常加中藥一起燉。番鴨的吃法則常用水煮，或煙燻，可能因為肉質較軟的關係。

臺灣對於鴨子的吃法也引進燒烤，即所謂北京烤鴨，也用茶葉燻成樟茶鴨。在美國的中國餐館也常提供一種無骨的鴨肉，稱為加壓鴨（pressed duck）。這些吃法原係出現在北京或廣東菜的菜單中，後來也在臺灣傳開來，但多半僅限在都市裡的餐館供應。在鄉村的小餐廳對鴨子的吃法，多半還是以傳統的煮、燉、炒為主，煮與燉吃法的主要特點是帶有不少湯，可能與臺灣夏天天氣炎熱，消費者需要多填補水分有關。

有關鵝、鴨的諺語

農民普遍養鴨，對於鴨子的習性知之甚深，故也創造出許多相關的諺語。俗語說「鴨子划水」，意思是比喻人的行動緩慢。觀察鴨子在池塘或在小湖中游動的速度並不快，鴨子經常停留在某一定點，很長的時間都少有游動，游動了也不會很遠。要鴨子游遠一點，就得用竹桿來趕，被趕的鴨子就像上了架，不得已而勉強走動或游動，也因此「趕鴨子上架」又成為另一句重要的相關諺語。

鴨子游水靠兩個鴨掌，鴨掌張開來接觸水的面積不小，推動水向前游動就較有能量。就像潛水的人帶上橡膠做的人為鴨掌，在水中游動就較有力，也較快速。人對鴨掌有一種比喻，稱平板的腳為鴨掌腳。腳好像鴨掌者可免當兵，這種道理，我還是未想通，是否跑步起來會較慢或站不久，如是也只較不適合當步兵而已。今日的兵種那麼多，如果一個聰明絕頂的人，雖然不適合當步兵，卻還可當特殊技術性的兵種，尤其是較需要用腦的兵種。

臺灣的民俗中對於不知所處環境的險惡，隨時都會遭遇不測的人為「七月半鴨子」，意思是不知死活。農曆七月半即是中元節，是人間用來祭祀神明與鬼魂的日子，這天農家普遍都要殺鴨子當為祭拜的牲禮，活生生的鴨子都有可能被主人捉起來宰殺。可說到了七月半，每隻鴨子都有生命的危險，但鴨子卻都不自知。

「鴨霸」是另一有關鴨子的諺語，意思是形容為人蠻橫無禮。社會上確實有鴨霸之人，不講道理，非常霸道。為什麼對這種霸道的人，前面要冠上「鴨」字，而不冠上雞或鵝？沒聽過有誰解釋，或做說明。依我的觀察鴨霸也應只限於形容公鴨，不適合形容母鴨。公鴨的鴨霸行為在於發情時，憑著力氣較大，常會欺侮母鴨，母鴨無力抵抗或逃避不及而就範。鴨霸的公鴨也常容易得逞。

「雞同鴨講」是另一形容無法溝通或溝通不良的諺語。雞與鴨子雖然都是家禽，在主人的家有可能同居在一舍中，但所用語言不同，溝通是會有困難。不同國家的人，因使語言不同，極有像雞同鴨講的可能。同一國內不同地方的人，因所用方言不同，要相互溝通也可能雞同鴨講。不同程度的人，也可能因為較高程度者使用較深奧的語言，致使較低位階的人聽不懂，而有雞同鴨講的感覺。雞同鴨講也可能發生在專業者與一般人之間的溝通，一般人因專業者所用專業語言太深奧或太艱澀而無法了解，也有如雞同鴨講。

「吃鴨蛋」是用來形容考試得零分的諺語。鴨蛋是圓的，而零分的零，用阿拉伯數字的寫法也是一個圓圈。零分用鴨蛋形容而不用雞蛋形容，是沒什麼道理，鴨蛋還不如雞蛋圓，如果用鴨蛋形容較為合適，顯然不是因為鴨蛋較圓之故，而是鴨蛋比雞蛋大，或是鴨子比雞在外表上看來較笨。

「鴨槽內存放不了蚯蚓」是指東西碰到喜愛的人即可能被占有而無法倖存。在前面提到鴨子最愛的食物是蚯蚓，也因農民常用蚯蚓來餵食鴨子，鴨子與蚯蚓碰在一起，蚯蚓一定會被鴨子吃掉而未能倖存。此語也用來警告，若要保存某特定的物品，千萬不可將此物品讓其喜愛者見到，否則很可能被其捷足先登，占為己有，未能遺留給別人。

「雞鴨同舍」表示一個機關或組織的分子品質參差不齊或來歷不同，極不相配。組織或團體中的分子品質參差不齊，對於高品質者是一種屈辱，對低品質者是高抬。組織或團體分子不同類，相處合作就有困難。這樣的安排對於組織分子好處不大，甚至會有缺失與傷害。雞與鴨何者的水準較高，很難判定，但畢竟不同類。然而事實上，一般小農家住宅狹窄，家禽的住處很難安排各有獨立的空間，兩者同處一舍的可能性很大。雞因能飛高，睡覺時也能金雞獨立，故主人常安排其棲居在上，讓鴨子在地面活動、休息與睡眠。

農家當中有養鵝者不多，故有關鵝的諺語，也較少聽聞，但是我們也聽過「呆頭鵝」，表示不解風情的人，頭腦呆，甚不解人意。「癩蛤蟆想吃天鵝肉」，這是一句比喻人沒有自知之明，一心想謀取不可能得到的東西。天鵝是一種稀有的禽類，高貴的人要吃都不容易，癩蛤蟆要吃就更加困難了。

鵝、鴨身上之物的剩餘價值

農民飼養鵝與鴨子，都可從其身上得到一些可賣錢的有價之物，肉體之外較有價值的是羽毛。這些羽毛都可當為毛織品的原料。目前看到有鵝絨毛的太空衣，有用鴨毛織成的毛布料，都很能保暖。因此鵝、鴨都有剩餘價值，農民殺了鵝、鴨之後，對其羽毛都會加以愛惜，捨不得丟棄。出售羽毛也都是老祖母的事，可藉此獲得幾個零用錢。但是雞毛卻少有人買去當穿著衣物的原料，雞毛常被看成與蒜皮相關，雞毛蒜皮表示瑣碎小事，毫不重要。

鵝與鴨除了羽毛外，還具有剩餘價值的部分是其糞便，主要的價值是用做肥料，農家常用雞、鴨、鵝的糞便施放在果樹或蔬菜的根部。每戶農家飼養的鵝與鴨數量不多，故能生產的糞便肥料也不會很多，只能供應自家栽種的果樹或蔬菜等農作物所需肥料之用，少能賣錢。但到了大養雞場設立之後，場主就可將較大量的雞糞晒乾後秤重量賣錢，其剩餘價值就提高了很多。鴨、鵝的這種剩餘價值就大不如雞。

鵝、鴨的疾病及其對人的傳染

鴨鵝與雞等家禽也會染病，且有些疾病會傳染給人類，成為嚴重的傳染病。

家禽最常生的疾病是霍亂，主要發生時間在高溫多濕的季節，其後果是導致家禽的死亡。如果飼養的家禽數量多，發生了瘟疫性的疾病，造成大量死亡時，損失就很慘重。農業技術服務單位為能控制這種家禽疾病，已發展出若干有效的藥物，給家禽施打疫苗或吞食藥物，都能有效控制。

但小農家有的因為沒錢買藥或請不起獸醫，或是不經心，故遭遇家禽死亡的情事，也在所難免。

雞、鴨、鵝等家禽傳染給人類的疾病最嚴重的是「禽流感」，人類感染到此種病毒，可能會喪生。臺灣在數年前曾發生過一次讓社會驚動的禽流感事件，導致多人死亡，引發政府及人民震驚。人類平時吃定了家禽，但發生禽流感時，人類反被禽類吃定了。

鴨、鵝的藝術景觀

生長與存在於農村中的鴨、鵝，除具有食用的實質價值之外，也常受藝術家所注意與喜愛而納入其藝術作品中，包括繪成圖畫、寫成詩文、編成音樂與舞集、寫成小說，以及拍成電影等。許多國畫與西洋畫作中，都會出現戲水的鵝、鴨及飛舞的雞的畫面。畫中的這些家禽，都很優美動人。臺灣鄉土畫家藍蔭鼎的畫中，常見有農村背景的畫面，也都缺少不了活躍於農村中的這些家禽。

各種家禽也常出現在影片之中，在早年國語影片曾經拍攝「養鴨人家」的故事，觀眾看了不僅喜歡故事內容，也會喜歡戲中的鴨子、養鴨的大池塘，以及周邊的農村美景。

有關鴨子的故事，最著名的是唐老鴨的故事、神秘鴨的故事、綠頭鴨的故事、鴨梨叔的故事、小雞與小鴨的故事，塑鴨的故事等。

有關鵝的故事還有寓言類的貪心失金鵝的故事，雄雞與白鵝的故事，王羲之愛鵝的故事等。

飼養羊群的樂趣

在嘉南平原農村中，飼養羊的人家不多，羊群主要養在山坡上，因可方便將羊放在山區吃草。

然而在平原的農村，偶而也見有農家飼養羊。農家飼養的羊數目不多，但有三、五隻，也可結隊成群。農家小孩因此也就有事可做，包括放羊吃草，或割草餵羊。

農家兒童放羊比放牛較為安全，因為羊的性情比牛溫馴，不會輕易傷人。放羊的小孩還常以搜集羊角為樂事，可將之當為藥材、號角、或武器。當藥材可以解熱，當號角可以吹號，當武器可在打架時用，這種武器雖非如銅鐵等金屬武器那般尖利，但尖尖的也會傷人。

飼養羊的農民會吃羊肉，此與養牛的農民不吃牛肉的情形很不相同，因為羊對於農民並無太多的貢獻，因此飼養的人吃羊肉，並不會覺得太愧疚。

第十章 捕捉與飼養魚類及其他水產的生計

溪溝中捕捉小魚蝦

在平原的農村地區，自家以外的自然資源不多，溪流與水溝中的小魚蝦是少有的重要自然資源。勤快的農人包括男女老少，想從自有資產以外的自然界免費獲得資源，最常做的是到溪流與水溝中捕捉小魚蝦。臺灣人口密集，溪流與水溝中的魚蝦不像人口稀少荒野中的溪流那麼豐富，經過人類經常的捕捉，溪溝中的魚蝦存在量很少，僅有的少量也都很小隻。但是貧苦的農村人，並不計較收穫不多。

我在小時候也曾與鄰居小孩拿著捕捉魚蝦的網具，到村外的小溪或水溝中捉捕魚蝦，往往耗費半天時間涉水行走在溝渠中數公里，捉到的小魚蝦大約也只有一大碗，但這一碗的小魚蝦，是一家人許多餐的好菜佳餚。

記得在捕捉魚蝦的過程中，有時將魚網提出水面時，網內所見的不是魚蝦，而是水蛇。年少的我也分不出蛇是有毒或無毒，驚嚇之下，將網子往水溝裡一丟，連忙爬到岸上避難，確定蛇已經溜走，才敢下去拿起網並再繼續捉魚蝦。有時捉到的是小鰻魚，形狀長長細細很像水蛇，不敢捉，反而讓其溜走。

早期農人少用農藥，由田間排放到水溝中的水，少有毒性，故小魚蝦還能存活。後來有人發現用電捕魚，所獲較豐，卻將溪流與水溝中的幼小魚蝦及魚卵全部電死了，水中再也少有魚蝦。及至農田普遍施用農藥時，毒水流入水溝中，溪溝中的魚蝦乃徹底地消失。農村居民要再從小溪流與水溝中捕捉魚蝦當副食，再也沒有機會了。

在池塘與溪溝中釣魚

水中的魚蝦除可用捕捉的方法得手之外，也可用垂釣的方法獲得。在農村中所看到垂釣魚蝦者幾乎全是男人，包括男性大人與小孩。這是風俗使然，也可能是因為男人多少都會游水，當接近水域時，萬一落水，較少危險。

釣魚捉鳥被喻為懶人的行為，也是沒有效率的工作，故有一句流行話說「釣魚等鳥，某子（妻小）餓死了了」。這表示釣魚捕鳥所獲無幾，很難養家糊口。事實上，農村中以釣魚為主業者幾乎沒有，只有少數人在空閒時，以半休閒好玩的心情去垂釣而已。

農村的人可能釣魚的地方是池塘及小溪。早期農村中有些私人的池塘多半沒有放下魚苗，故主人也不會阻止外人垂釣。公共的小湖或水庫更不會下放魚苗，都是釣魚的重要地點。會流動的小溪，也常是愛魚者選為垂釣的好地點。住在近海邊的民眾，也許早就有海釣的活動，但我小時住的村子不靠海，因此也未見過有人到海邊釣魚的景象。

釣魚的人不太計較花費的時間與收穫的數量，雖然苦守水面半天或一天，釣到的魚不多。其所以能感到快樂而有興趣，主要是在享受釣到魚兒，感覺到魚兒上鈎的快樂。

釣蝦與釣魚的方法不同，釣者的感受也不同。釣蝦的人都占在池塘岸邊垂釣。一次一小隻，因池塘裡的蝦子上釣的機率常比魚兒上鈎的機率大，故釣蝦的感覺比釣魚快樂，較緊湊也較持續。但小小的蝦子，很多隻也沒幾兩重。釣者忙碌很久，所獲也不多。

我也曾在夜間與鄰居的小朋友到池塘釣土虱，釣法又不相同，方法是在繩子的一端綁上多隻蚯蚓做魚餌，在夜間將綁魚餌的繩子丟向岸邊的水中，一提一丟，讓水面出聲，土虱就會上釣。事實上這種垂釣也只是為了好玩，一個晚上能釣上兩、三條就算很有收穫。

比較講究釣魚技術的人，除了用蚯蚓或小塊番薯做食餌外，還常用炒香的米糠，放進飯糰中，丟到下釣的附近，藉以引誘魚群前來吃餌上鉤。通常有這種準備的釣者，都能有較好的收成。

釣魚的另一重要配備與方法是，為能防止魚鉤與餌在流水中往下游漂流，都在魚鉤上端加一鉛丸，穩住釣線及魚鉤不被漂走。浮標也是少不了的釣具設備。釣者看著水面上浮標的動靜，就可測知是否有魚兒吃餌，以及吃了以後的動態。如果浮標沒入水中，表示魚兒已經吃定了餌，並已上釣。此時將釣竿提起，十之八九都會有魚兒上鉤。浮標與魚鉤距離的遠近，是鉤餌距水面的距離，不同距離代表水面深淺，釣到的魚種與大小都會不同，較深處的魚常會較大。通常越大的魚都會離水面較深，浮在水面附近的魚，通常都是較活潑的小魚。

養魚與撈魚

農村池塘長久積水後都會有魚，有的魚是未經主人飼養而自生者，或由連接的小排水溝游進來者；有些池塘主人則是有計劃買了魚苗放進水塘中，養大後可自食與販賣。農村池塘中未放魚苗飼養者不少，外表看來主人有不善利用資源的缺陷，但實際上是因情非得已。不得已的問題有下列數種：第一，因為主人貧窮，買不起魚苗；第二，擔心飼養的魚流失，當遇到下大雨，池塘的水溢出，魚兒隨之流失，主人等於白養了；第三，怕有傷敦親睦鄰，在池中放魚，必然要禁止鄰居小孩垂釣，有傷感情，不如不養；第四，有違衛生，養了魚必須給食，最便宜經濟的飼料是人的糞尿，但池塘也常是村人洗衣服的地方，池中澆了人造肥料，再用來洗衣服就很不衛生；第五，公產難處理，有些公有的池塘，放魚成本要公出，魚養大了變為公產，村人意見多，容易起糾紛，不如不養。因有這些問題與顧慮，村中的池塘多半都不刻意養魚。但不養，仍會自生，自生的魚不會很多，糾紛反而較少。

有些池塘主人較有冒險性，不擔心水災會使池塘中的魚泡湯。他們多半會購買魚苗，飼養在池塘中。從養魚的池塘，可撈到魚的數量較多。撈魚與捕魚的方法有兩種：一種是用網撈，可分多次收成；另一種是將池塘的水一次徹底抽乾，將魚撈盡。

過去農村池塘中飼養的魚種以鯉魚及鯽魚最為常見，這兩種魚都容易成活，成長速度不差，魚苗價格也不貴。但自從引進吳郭魚（俗稱南洋鯽），池塘中普遍都改飼養此種魚。這種魚繁殖能力強，發育的速度快，收成量多，市場上普遍也可接受。也有些池塘主人喜歡將池塘中飼養多種不同魚類，可撈到的魚就有許多種，但在飼養技術上需要多費功夫。

漁塭與漁民養魚

臺灣西南邊的雲嘉南平原沿海鄉鎮，以及東北的宜蘭濱海地區，地勢平坦低窪，土壤鹽分高，種植農作物不易成長與好收成，居民都將土地挖成漁塭養魚，傳統的飼養魚種是虱目魚。

我國自從國民生活程度提升以來，人民吃海鮮的味口增強，漁塭生產的魚類也變多，新開發多種高價值的魚類，包括石斑、鱸魚、螃蟹，大蝦及鰻魚等。

濱海地區漁塭的用水有鹹水與淡水兩種：前種是引海水，或從地下抽水；後者則是由引進河水或接收雨水。鹹水與淡水的水質不同，飼養的魚種不同，管理方法也不同。

經營漁塭的漁民都甚專業，終年與水池及魚群為伍。養魚的漁民通常都住在附近的魚村中，但在其漁塭旁邊都建造簡易的寮房，供做夜晚看顧魚產及白天工作後休息場所。為了安全，在寮房守夜者，多半是家中男性主人，婦女及小孩較少。

漁塭中的魚蝦要吃飼料。早年在城市附近的漁民，都用人糞尿飼養虱目魚。自從飼料業發達以後，逐漸改用飼料養魚。飼料價錢不低，成本升高，養魚需要更精密計算成本效益。漁民經營不善就會虧損連連。飼料價格高漲、魚價慘跌、水質汙染及死魚等都是造成虧損的重大原因。

魚價慘跌可能由多種原因造成，外銷呆滯是其一。當本國魚產感染細菌，魚產過剩，外國魚產競爭時，都可能造成外銷停滯，魚價慘跌。死魚問題主要是由凍害及水污染兩種原因造成。各種造成漁民損失的原因中，凍害是天然因素，其餘則都是人為因素。而多半的人為因素是出自漁民身外，漁民難以控制。

近來工業污染河水嚴重，經常造成魚蝦及貝類大量死亡，漁民欲哭無淚，卻無能為力。工業廢水汙染不僅傷害漁民的生計，也影響消費者的健康。消費者害怕汙染的水產，常到不敢消費食用的地步。

魚貨走私進口，漁民也難以控制阻止。唯有對於魚產感染細菌及生產過剩兩種原因，漁民可以掌控一部分，但也很需要政府相關單位的協助，才能較有效改善或避免。

漁民飼養的水產除了魚蝦，還有貝類。臺灣漁民飼養較多的貝類是牡蠣（海蚵）及蛤蜊。收穫牡蠣時須要經過挖取的工作，非常費時辛苦，多半由女工作業。女工得到的工資都很低。

近海捕魚及其困境

濱海魚村的漁民另有一條生活道路是到近海捕魚。漁民用小船、舢舨、竹筏或塑膠筏出淺海作業，時程約為半天或一天，捕獲的都是較小的魚。

沿海的小漁港都設有小魚貨市場，魚販在下午船筏上岸時到魚貨市場購買魚貨，直接轉賣給固定買主，或到黃昏市場叫賣。也有魚販於買回後將魚冰凍，至翌日到菜市場販賣的情形。近來私人的轎車很普遍，遊客開車直奔漁港買魚及吃海鮮者不少，刺激漁港市場及餐廳生意興旺。漁港附近的海鮮餐廳，可供遊客直接點買海鮮，或由遊客自買原料，請餐廳代工炊煮，頗富有趣味。

住在濱海地區的小漁民出海捕魚會有許多限制與困境，遇到氣候不良，如颱風大雨時，海象險惡，下海討生活極為危險，漁民有時會遭遇船難。

早前在備戰的時期，海岸的安全管制甚嚴，漁民必須接受當地駐軍的檢查與管理，難免會有不愉快或不方便之處。

近來工業廢水嚴重污染了近海的海水，造成近海漁產減少。漁民在近海捕魚，少有收獲，加上油價上漲，常常得不償失。

多種原因影響近海漁業困難，近海漁民生活更加不容易，人口外移轉業者甚多，多半的漁村都是人口嚴重外流的地區。從過年過節許多外出的子弟返鄉省親祭祖的熱鬧場面，即可看出魚村人口外流之嚴重。

漁民也靠捕撈魚苗維生

近海的漁民當中，有部分以捕撈魚苗為生。鰻魚苗一向是漁民較喜歡捕撈的種類，因為鰻魚價格比他種魚貨的價格高，養殖業者的需求較為迫切。海邊的各種魚苗因為河流出口污水的汙染，以及沿岸各種建設造成海水混濁，數量逐漸減少。以捕魚苗為業的漁民漸漸難以維生。多年以前本人做過一項研究，眼見高雄永安的漁民抗議中國石油公司在當地海邊建設液化煤氣接受站，抗議的重點是該項建設工程造成海水混濁，致使他們捕獲不到魚苗。

自從海禁放鬆以來，藉漁民經漁村走私的事件變多，牽連部分本來老實的漁民放棄捕撈魚苗等辛苦工作，也參與走私偷運的事件。走私雖然可使人在短時間獲得可觀的額外財富，卻被捲入犯罪坐牢的漩渦。此種外在環境的引誘，使沿海漁民容易陷入危險的困境。

內陸農民到海灘捉毛蟹

臺灣西部的海灘在未被工業廢水污染之前，都有毛蟹走動或爬行。住在海邊的漁民看多了水產，對於這些毛蟹並不覺得可貴，也少去捕捉。但是離海灘有段距離的內陸農民，對於這些在公共海灘上爬行的毛蟹很有興趣，捕捉回來可煮熟吃，也可加鹽做成醬。貧窮的農民缺錢買魚，卻可捕捉毛蟹食用。

農民捉捕毛蟹的方法有多種：一種是兩人拉直一條繩索的兩端，將顯露在地面的毛蟹絆倒，使其暫時昏迷，回不到藏匿的洞穴，捕者就可順手將其捉住，放入掛在腰部的竹簍中；第二種方法是追捕快速爬行回穴的毛蟹，捉到就得手，成為簍中物；第三種方法是用鋤頭挖掘毛蟹躲藏洞穴四周的泥漿，使毛蟹露出來，將其捉捕。

內陸的農民通常都以三至五人組成一隊，步行一、兩小時至海灘，一齊捉捕毛蟹。工作一天下來捉捕的數量約近十臺斤。回家後，一家大小可先享用一頓大餐，將剩餘部分做成腥味十足的醬，可連續吃數個禮拜，直到吃完也吃膩為止。這種願意步行多時到海灘捉毛蟹的農民，都是較勤勞者。較懶惰的農民就不會去做很辛苦卻少有收穫的事。

村民到水田、泥地及其他濕地挖泥鰍及鱔魚

有一種生活在水中及泥土中的魚類稱為泥鰍。水田中有泥鰍等魚類，主要是由水庫順水流入田中，或經農民在水田中蓄意飼養者。鄉村地區的河床中或水溝底也會藏有泥鰍。當農民發現田裡或泥中有泥鰍時，可用鋤頭挖掘。可挖掘泥鰍的地方有時也常會挖到鱔魚。

泥鰍與鱔魚都是無鱗的魚類，形狀像蛇，但有區別，蛇皮有殼，泥鰍與鱔魚的皮都無。當農民捕捉較多的泥鰍或鱔魚，一次吃不完，都會暫時養在大水缸中，上面需要加上蓋子，避免溜走，或被貓狗吃掉。

泥鰍與鱔魚煮對了方法，都可成為美味的佳餚。吃法之一是加薑切絲煮湯；之二是可切片炒麵；之三則可加中藥燉。與泥鰍與鱔魚類似的魚類是鰻魚及土虱，都是無鱗的魚類。近來有不少人養土虱，據說飼料常用死雞。小店將土虱燉中藥，味道香美，食客還是不少。

下篇　農村生活

第十一章 過年的忙碌與喜悅

對新年的期待與害怕

新年一年一度，在此所指新年是農曆的新年，這種新年農村的人過得較有模樣。一般農家中較不更事的小孩及少年會較期待過新年，但是負責家庭生計的年長老人，有些則很害怕過年。小孩及少年喜歡過年，因為高興自己在長大，也高興新年期間有好吃的飯菜並有紅包可拿，能有零用錢買零食。有些家長老人害怕過年，擔心年紀加多，接近死亡，也擔心沒錢可花用。有負債的人更害怕債主會趁新年來討債要錢。

期望與害怕過年的人，懷著兩樣不同的心情，隨著時間運轉，兩種人對新年都得照過，只要是認真在過，在新年期間都得忙碌一番。

磨米漿炊年糕過新年

對於農家而言，過年期間的工作最重要的也是最具代表性的是，磨米漿，炊年糕。年糕是過年必需要有的應景物品，一來做為祭拜神明、祖先之用，二來是活人必吃的應節食品。在農業經濟為主流的年代，農家用的年糕都由自己家炊製，不假手於人，很少用購買得來。

炊製年糕的工作至少需要兩個人合作才能做成。通常由一位婦女將浸過水的白米粒放入石磨中，另要一人用手推磨米漿。也可由兩個人一起推，可較省力，速度也會較快。炊年糕用的米有兩種，一種是在來米或秈稻米，用做炊鹹糕，另一種是糯米，用做炊甜糕。將米漿放在竹籠盒裡，燒熱水蒸熟就成年糕。如果同時要炊碗糕，可將米漿放在碗中炊蒸。大塊的年糕都於炊熟之後再切成小塊，而後再切成片狀，才方便食用。

過年事多，磨米漿時常在晚上或清晨進行。從磨米漿到炊熟年糕，都要花費數個小時，工作的人會十分疲累。完工後常看著家人食用，自己卻少有味口。

年糕的種類通常有甜、鹹兩種，甜糕的製法較為簡單，只要在磨米漿時將糖放在泡水的米中一起磨，或將糖放在磨好的米漿中，將之炊熟就成甜糕。炊鹹糕的方法就較麻煩，配料種類較多，包括花生、蘿蔔、芋頭、蔥頭、肉絲或其他。加添的配料越豐富，味道就越香美可口。

有些農家還製作第三種年糕，稱為發（酵）糕。此種年糕通常也有甜味，農家準備的數量較少，一來因其與用糯米製成的甜年糕在性質與口味上有重疊與衝突之處，二來因為味甜，食量不多。不論對活人、對神明或對過世的人，都有這種性質。

外出遊子還鄉團聚

農村的人過年另有一種風俗習慣，即是外出的遊子都會還鄉團聚。依照禮俗及法律的規定，過年時公家機關有數天的假期，私人公司行號也都會關門數天，員工可休假數天，方便外出的人回家鄉祭拜神明及祖先以及與家中父老及其他親人團聚。眾多遊子返鄉，致使路上交通忙碌擁擠。

依照禮俗，在外工作的遊子回鄉時，得給老父母及長輩紅包過年。在鄉的老父母平時飼養雞、鵝與鴨，在過年時都宰殺幾隻祭拜，並與回鄉的子孫一起享用。團聚的意義除了見面閒聊，也可藉機會當面商討家中大事。

融洽的氣氛以吃年夜飯時達到最高點。

過年節吃年夜飯

年夜飯是每一家庭都很重視的一餐飯。這餐飯除了能聚合全家人團圓的重大意義外，也含有慰勞家人終年辛苦的用意。不同家庭準備飯菜內容的好壞不等，但每家都會盡可能做出好飯菜。平時只吃番薯簽的人家，在除夕夜可能吃白米飯。平時食無肉，這餐飯可能會有自己飼養的鵝、鴨、雞的肉。魚是很多家庭都很迷信一定要有的菜，表示年年有「餘」。其實多數的農家再多燒幾條魚，生計上仍然很難會有太多剩餘。多半的家庭平時都少有存款與儲蓄，若有也都很少量。

注重傳統習俗的人家，會為缺席圍爐的家人在飯桌上多準備一碗飯，及多放一分碗筷，表示想念之意。在圍爐的年夜飯上，小孩子可能獲得雞腿一支。如果家中小孩子多，雞腿不夠分配，一個小孩可能只得半支，或有人分不到雞腿。不論有無雞腿，這餐飯菜的品質確定比平時好很多，故大家都能吃得很滿足。有些小孩吃過飯後，大人會給他們胃散。

小賭怡情的習俗

在新年時，農村裡常見有人圍賭的習俗。平時殷實規矩的農人，此時也可能小賭一番。習慣上，初一的上午在村中的廟庭或公厝會有幾處臨時賭場，擲骰子的攤位，集滿大人與小孩，以手中的紅包錢賭個輸贏。內場（莊家）都是有較多賭博經驗的村人或鄰村的人，他們也常是較無恆產者。

除了賭擲骰子，也可能會有一、兩處賭十二人的攤位。所謂十二人是包括帥仕相、俥傌炮、將士象、車馬包等十二只象棋棋子。莊家每次出一只，猜中者，獲賠十倍。賭這種遊戲者多半是大人，小孩子比較少有參與或插手。

此外也有藉新年期間打三國、賭四色牌及打麻將的賭法。不同賭法的層階族群可能會有差別，打麻將的玩法較複雜，賭者多半是能用較多腦筋的公教人員，或其他上班族，農民很少玩這種遊戲。不同的賭法，場所也不相同，較少人玩的賭法，通常在私人家中進行。

賭不是一種良好的風俗，好賭者容易不務正業，墮落心志，豪賭也可能傾家蕩產，故不為善良的人所喜愛，也不為政府所寬容。但在過年時，人民與政府容許賭博的尺度都較寬鬆，警察不捉賭，民間也不禁賭，大家將賭博當作一種可以助興的休閒娛樂活動。但是過了新年，就必須收拾心情，回歸平時的勤奮節儉，不可再聚賭，否則警察可能開罰單。

拜年、紅包及送禮

華人社會都有拜年的風俗，拜年也有給紅包的習慣。長久不見的親戚朋友，在過年時可能互相拜年。當晚輩小孩向長輩拜年，常可從長輩得到一個紅包。能賺錢的晚輩向長輩拜年，則要給長輩紅包。

拜年時贈送的禮品也常有以食物等代替紅包者。食物的種類很多，但最常見的是水果、乾貨、酒類或茶葉等。這些物品都很實用，收到後馬上可以食用。本來發生在親朋好友之間無所求的拜年、送紅包或送禮物的活動，也可能演變成官場及商界的賄賂行為，使原來很溫馨的人際關係，變成骯髒、俗氣與危險性。這種手段性的送紅包或送禮品也可能發生在平時，不一定只在過年時。但為建立良好關係與感情，在過年送紅包、送禮品會比較自然，也較能發生作用。

初一不洗衣、掃地與下田

在農村社會也流行初一不掃地、洗衣與下田的風俗。這些風俗有很合理的意義，也有迷信的傳言。第一種合理的意義是，初一是忙碌一年之後的休息日，也是一年之計的開始，理應休息，讓腦筋沉澱清醒，重新思考未來一年新的計劃。第二種合理意義是，初一日各家的來訪客人不少，家人也難得團聚，暫時將家務置放一邊，享受人情溫暖也很必要與合理。第三合理意義是，家家戶戶在過年前都做過大掃除，各處都變得很乾淨，初一時還少有灰塵與垃圾可掃除。更換的衣物多等一日才洗，也無大礙事。第四合理意義是，初一那天農村的人多半都在享受過年的樂趣，少有下田工作者，若偶有人下田，雖是勤奮，但與眾不同，並不能得到他人激賞，反而會被人恥笑。

傳統中在初一民眾所以不掃除的意義，是擔心家中金銀財物會被掃出大門。不洗衣下田，因為要避開勞碌命。本來農人就很勞碌，只有正月初一日有放輕鬆的機會，此種機會若不把握珍惜，注定要活該勞碌一輩子，沒人能同情。因聽信這些傳統，多半的農民也都遵行，免得落人口實。儘管對於流行的風俗遵守的人多，但也有不信邪或迫不得已而違背這些常規與風俗者。有一年的初一下午，我就見到父親掛心田裡的工作尚未做完，牽著牛背著犁，下田去了。我也跟著他出去，見到村外一大片農地裡，連一人都沒有，只有父親及家中的那頭老牛，看了禁不住鼻酸。是他愚笨與活該嗎？其實我內心覺得他很勤奮可取，令我印象深刻，永不忘懷。

初二回娘家

臺灣很流行婦女在初二回娘家的風俗。多半父母健在的已婚婦女，在這一天理所當然會回娘家探親。這樣的風俗會引發些小矛盾，當婦女回到娘家，見兄弟的妻小都不在家，無人可做飯招待，心中難免會感到受了冷落。在夫家方面當媳婦回娘家後也無人可燒飯煮菜招待回娘家的大姑小姑。這些矛盾的調適辦法是，各家廚房的炊事由回娘家的婦女自己做，也可由娘家的母親幫忙做。

在農村社會，許多出嫁婦女的娘家都在鄰村，步行不久就可抵達，不致造成交通頻繁或大亂。不像今日的婚姻，夫妻兩人的老家常是天南地北，回娘家時得搭車或自行開車，花在路上的時間較長，不得不縮短在娘家與父母敘舊的時間。

初二婦女回娘家都會攜帶幼小子女，新婚者會將夫婿一起帶去。如果娘家兄弟結婚已久，則兄嫂或弟媳很有可能犧牲回娘家的機會，等在家裡做菜，接待小姑與姑丈前來做客。這樣的安排可將風俗的矛盾減低不少。新婚的婦女從娘家重返夫家時，娘家都會準備一枝甘蔗與一隻雞給其帶回。正確的意義少有人說明，但我猜測與理解是，甘蔗暗喻婚姻能甜蜜，雞則除了帶路還意味嫁雞隨雞，要能認命。婦女若能體會這種涵義，必然會較少有婚變的不愉快婚變事故。

祭神明、拜祖先與吃拜拜

農人都很信神，也都很思念祖先，在新年時節連續多天都要祭拜神明與祖先，祭拜時都要準備豐盛的牲禮與水果等物品。各種祭品後來都變為活人的食物，等於活人都吃了拜拜之賜。

農曆新年時節農民祭拜的神明有許多種，包括天公、三界公（天公的兄弟）、土地公等公眾之神，以及村內或家族供奉的私有神。以我住的村子而論，私有神共有法主公、（豬）王爺公、虎爺（公）、祖師公及俺公等。不同的私有神屬於村中不同角落或宗族的人所供奉。信奉的弟子祭神的時間在早上、中午或下午黃昏的時段。至於祭拜祖先的時間，則多半都設在中午時間，祭拜完畢即以禮品加熱當午餐。

每一家庭為了祭拜神明及祖先，通常都會增加幾道菜，比較平時的飯食，菜色都好很多。農家多半也以吃拜拜後的食品當為打牙祭，補充平日不足的營養。

演戲與謝神

在過去的農村，有時會利用年節的後幾天演戲謝神，感謝與期望神明能保佑村人平安且發財致富。熱鬧一點的演戲慶典活動常有多組的戲劇同時上演，歌仔戲與布袋戲可能同時開演。演戲的費用主要是由公費、全村人共同分擔與樂捐。公費的來源有來自廟產，村人分擔的部分則由收「丁錢」得來。「丁錢」是指男人稅，每家的負擔按家中男人數目計算。

戲劇的內容主要是以歷史故事及民間故事為背景。這些故事多半是大家都曾經聽聞過且能耳熟能詳者。村人看戲主要是看演員的演技及聽其歌聲。布袋戲常穿插一些電光技術來吸引觀眾。歌仔戲及布袋戲班主要分布在貧窮卻有點文化根基的鄉村地區。我在小時常見戲棚上掛出廣告，介紹戲班來自雲林縣境內的麥寮、西螺等若干鄉鎮。這些鄉鎮都是培養戲演藝人才的重要地方。

在農村地方謝神演戲都是在廟庭舉行，沒有廟宇的村子則以公厝或集會所當為活動中心及演戲場所。演戲的節目一日兩場，下午與晚上各一場。

在缺乏休閒娛樂的農村地區，喜愛免費看戲的人不少。尤以男人及小孩子為多，因為婦女多半要忙著準備拜拜及煮飯做菜的家事。演戲的日子通常要招待鄰村的親戚朋友前來吃晚飯。為準備那一餐晚飯，足夠婦女忙碌一整天。

觀看演戲藝人的生活，像是流浪的吉普賽人，在戲臺上演戲的前後時間都在戲臺布幕的後邊生活，包括化妝、換裝、吃飯、睡覺。演完戲後，經過整理戲服裝箱，以大卡車載運這些家當及團員前往他地，繼續演出，或暫時回家休息，等待新的生意上門，再出門公演。戲團中已婚的演員，有者也攜帶幼兒隨團奔走，為生活而奔波，著實不易。

五日年假結束初六開工大吉

開設工廠或商店的人都休息到初五，初六員工歸隊，公司也開工大吉。開工時都大放鞭炮，表示更新氣象。開工之日也會在門口擺設祭品，祭拜神明及無家可歸的好兄弟，請其不加干擾與作怪，求能保佑協助。

但是一般農家約會提早兩三天就開始下田工作。田間的工作並不像工廠或商號的工作那麼正式，因為農人自己就是雇主，若非遇到播種與收穫的忙碌季節，也許持著鋤頭到了田間鋤草與翻土，上午到太陽升起不久就回家，下午也不必太早出門，等到太陽的熱度減退了才下田。

在新年期間農民有可能比較忙碌的工作是收穫甘蔗。甘蔗田如果正好輪在新年期間收穫，田主便會相當忙碌，要派出一人割甘蔗的嫩葉，要有人看管甘蔗不被偷，也要有人隨著牛車與糖廠的小火車搬運甘蔗，等甘蔗都運離了甘蔗田，就得收拾剝落的乾枯甘蔗葉。而後要用犁，翻開甘蔗的根部，使其晒乾，方便撿拾，也要清理田地，準備種植綠肥，而後再種水稻。

在新年前後，當甘蔗田剷除根部之際，田中會出現白鷺鷥及喜鵲等鳥類群集的景象。甘蔗田的泥土被翻開時會顯露出「雞母蟲」及蚯蚓等昆蟲，是鳥類的極佳食物，於是多種鳥類會從各方會集而來，停下腳步，在田地上啄食小蟲，直到吃飽為止。這時也會出現如一些國畫的畫面上的喜鵲等鳥類，站在牛背或牛角上，增進田園的風光與美麗。

貼門聯慶喜氣

農村過年的另一種重要的風俗與活動是在大門上貼上紅色的對聯。左右聯的文字要成對，橫聯則也與左右對聯相關。最常見的門聯內容無非都是些吉祥或勉勵的詞句，但偶而也會出現一些較有創意的諷刺性或詼諧性的門聯。會寫也愛寫諷刺性或詼諧性門聯的人，多半都有點才氣。記得在唐祝文周四傑傳的小說中，有一段描寫才子祝枝山喜愛作怪搞笑的個性，曾在過年夜到人家的門外偷聽屋主的家庭秘密，隨興以詼諧或諷刺的語句寫成對聯，貼在空白的門柱上。主人翌日醒來見之無不感到訝異且尷尬。這種作為雖然使人難堪，但是文學的趣味十足。

一般農民的學問不多，很少自己寫作對聯，要貼對聯，多半到街上向會寫春聯的人購得，故內容抄襲的多，有創意的少，但一樣是紅紙黑字，喜氣洋洋。到了晚近有些周到的農會、銀行或慈善團體，到新年時都免費提供春聯，在農村中看到的春聯有更標準化的趨勢。

第十二章 免費看郎中顯身手

選在春秋夜晚

「看郎中顯身手」是舊時代臺灣農村社區居民的一種重要休閒生活，由郎中帶領的這種村民集體性的休閒活動，多半選在天晴涼爽的春、秋兩季的夜晚進行。冬季氣溫較低，夜間村人不願出門，夏天颱風多，天氣太熱，蚊蟲多，也不是看郎中表演的好季節。

但是這種休閒活動也不是都集中在春秋兩季，冬天也有較溫暖的日子，夏天也有不下雨且較涼爽的天氣，都可能會有郎中到村中打拳、唱歌、說故事或表演雜耍娛樂觀眾，而其主要目的是在賣藥及日常用品賺錢討生活。

這些到村子顯露身手賣藥、賣東西的郎中，多半是外鄉人，憑其擁有一般人缺乏的特殊技能而能吸引人，藉著吸引人群，造成一個臨時市場，有利其賣藥及其他物品的生意。郎中是交易的賣方，觀看把戲的村內民眾，則可能是交易的買方。

敲鑼打鼓告知大家

郎中到村莊演藝賣藥的夜晚，約在農人從田裡返家準備吃晚飯的時候，先繞全村一周，敲鑼打鼓告知大家，算是節目預告。有興趣的人於飯後就會帶著板凳、椅子到現場看表演。

預告節目多半以敲鑼的方式較多，打鼓的方式只會偶爾為之。鑼聲非常響亮，沿著村中道路敲打一周，少有人沒聽到。平時農村中少有娛樂節目，沒有電視，少有收音機，因此聽到有賣藥的人前來，多半都很高興有戲可看。小孩及男性大人於吃過晚飯就會出門，婦女則要等洗過碗筷，或等小孩就寢，才走得開，但多半都由他們留守家門。

郎中前來賣藥等的地點，都選在村中較寬廣的空地，必須向空地主人借用並取得同意，通常主人都不收費，有之則是例外。選擇的地點以越接近村子的中心越佳，方便四面八方的村民到來，如果太過偏遠，可能會有人嫌棄。這種演藝與賣藥的活動甚少在寺廟的廣場舉辦，可能因為不便打擾神明，或借用這種公有的地方手續上較為麻煩。

表演十八般文武藝能

賣藥及賣物品的郎中多半都具備些文武的藝能，集合不同的郎中所表演的藝能至少會有十八項，但可能較多，而不會較少。郎中的藝能有文有武，文的藝能包括說書、說故事、拉琴、唱歌、講笑話、說相聲等，武的或動態的藝能，則包括打拳、躺在鐵釘上、變魔術、玩雜耍等。憑著特有的本事，以能娛樂他人，吸引村人前來觀看為手段，賣藥、物賺錢為目的。

不論文武的藝能，郎中都有甚佳的表演才能，演技都很不錯。如果有機會都可能進身演藝圈。到了電視發達以後，我就在螢幕上看到一位曾到我們村中賣藝討生活的郎中，果然後來成了演技不錯的演員。以前缺乏藝術學校之類的教育機關，對於演員等重要特殊才藝的人，缺乏正式培育的場所，在街頭巷尾或各地農村賣藝，都是孕育藝人的重要搖籃或園地。

郎中到村子表演也會攜帶一些道具，但都是較為簡便之物，因為腳踏車的容載量很有限度，這些道具除了銅鑼之外，視其專長表現的技能而定，表演音樂者一定要有樂器，表演武術者一定攜帶刀、鎗與木棍，表演魔術者，道具種類較多，但多半都很精細。道具能幫助表演技能的發揮，也能添加觀眾視覺的滿足。

拜會在地大老

在地大老是指村中的老大、頭目或領袖，也是指在村中具有全方位或某方面影響力的領導人，包括正式的與非正式的領袖，可能是指村里長，派出所的主管及員警，武術的師傅，民意代表，或村里的長老等。賣藥的郎中在抵達的前數天，也許是當天，必先拜會這些有影響力的人物，用意是請其包涵愛護，獲得其首肯，不加以阻擾。若有小兄弟擾亂也能幫忙勸阻。

村中的領導人物為能維護村的名譽，多半都能接受外來的人到村中賣藝、賣藥以及賣日常用品，也不會要求保護費。但是如果賣藝人生意好，願意贈送一點紅包，供為喝茶，也是人之常情，更能受到歡迎。

在農村中常有練武的團體與組織，練武的人性情都會比較剛烈，有時對於外來的人也較會有意見。如果賣藥郎中表演的是武術，就很必要先向村中武術團體的師傅表示敬意，請其寬容恩准前來耍弄幾番。如果這個禮數未到，惹來練武團體的不悅，有時生意就不好做。

憑三寸不爛之舌推銷藥物及日常用品

郎中到村中的主要目的是在賣藥及販賣日常用品，其中以賣藥居多，日常用品，較少數，因為後者不難在村中雜貨店中購得，若有兼賣日常用品，都是較奇特不容易購買到者。農村的人外表看來健壯，實質上疾病很多，尤其是長年固疾，因為不是急症，乃不急著找醫生。當有郎中到村中來套售對症的藥物，為了貪圖方便，都會購買一些。雖然不一定見效，但也並無大礙。

郎中賣藥或其他物品都有他們的一套，憑其三寸不爛之舌，會將藥物的靈驗有效，說得頭頭是道，天花亂墜，讓觀眾聽了不買覺得可惜。郎中耍起嘴皮，真是不用打草稿。口中念念有詞，聽者入木三分，內心由不得都會相信。針對其販賣的藥物或用品、食品等常會當場試用，也能顯出神奇的效果。

通常郎中在叫賣時，都會有人事先響應，這些首先響應的人，有的是外村人，也有本村人。其中有可能出於真正喜愛或需要，但也有些令人見之就知是與郎中套招配合者，為能取信其他觀眾，而首先響應。

郎中推銷的性質類似拍賣，開價並非十分固定，通常最先是開高價，見無人問津時，就會往下調整價錢。如果到了可賣的最低價，仍然未有人要買，可能就暫停出售此物，另外叫賣他種藥品或物品。每次郎中都會攜帶多種藥物或其他物品前來販售，其中必有比較叫座的，也有較無人或少人問津者。帶來的有些物品是比較不好賣或比較不值錢的，很可能就當作附帶的贈品，配合好賣的藥品或物品一起送出去，當然其成本及利潤都加在好賣的藥物或其他物品身上。

一個夜晚表演與叫賣的時間共約兩三小時，約從七時到十時，在這段時間裡，約分成三、四個小節，表演之後就停下賣藥或賣其他物品。反覆三至四次後，夜也已深，觀眾也疲倦了才收場。郎中一團人多者三、五人，少者兩、三人。賣藥時間，主角說明效能，配角則忙著給藥及收錢。等他們收場，整理行李及場地，回到家都已過了午夜時分，可見都相當辛苦。

販賣的藥物常是自製且罕見偏方

郎中最常出售的物品是賣藥，而這些藥物常是其自配也是罕見的偏方。內容包含甚麼成分，郎中雖會口頭說明，但都缺乏實際的分析報告。對於這些藥物郎中都有試吃過，也可能確實有效，但不絕對保證無毒。最重要的是不能吃死人，但是否會慢性中毒，就很難說，會與不會，都未見有人去查證。

郎中也可能轉賣他人製造的成藥，若是販賣他人製造的藥物，賺取差價是主要的生意經。如果販賣的成藥出自著名的廠商，郎中一定會在地面上擺出其招牌，使能取信於人。若是由無名的廠商製造者，更需要憑其口舌吹噓一番，使人不覺疑惑，甚至會相信其珍貴難得，而願意掏錢購買。

熱絡的氣氛與觀眾的滿意

郎中擺設的演藝與賣場的氣氛多半都很熱絡，觀眾也大致都會滿足。熱絡的程度依郎中表演水準而定。一般靠賣藝吸引人圍觀叫賣的郎中，演藝水準都有一定的程度。也因為不收門票，觀眾都不會太挑剔而容易感到滿意。經過幾個小時觀看郎中的藝能表演，村人在精神上都能有所收穫，回家之後也能一夜好眠。

購買藥物或其他物品的人，如果覺得價錢不貴，藥能確實有效，物品也都實用，又會多了一種購物的滿足感。郎中販賣的藥物當中最多是補藥，不是專為治療某種特殊疾病，而是為能強身壯體。這些補藥多半將中藥浸在酒中，適合在冬天飲用。飲了補藥，因含有酒精，定能使人全身發熱，因而容易使人感覺有藥氣的功用，也因而感到對身體健康確能有效。日後當見到也購買飲用的其他村人，相互討論起來時，彼此交換經驗，都會一起稱讚與滿意。

我較常看郎中表演是在童年時候，我也感到滿足的方面是可以聽到平時聽不到或沒有聽過的訊息與故事，看到平時少見或看不到的功夫，明顯可以增長見聞與知識，因而也感到很滿足很愉快。其實多半用意不在購物的成年村人，對於郎中來訪都會感到興奮與滿足，也幾乎與我的感受相同。

我記憶中，有兩、三回郎中所講的故事與表演的功夫讓我印象深刻：一次是一位到過南洋經歷二次大戰從日軍退役的士兵，述及他在森林中碰到土人的經驗，模仿土人說話，不知是真是假，卻能逗得觀眾發笑；另一次是郎中在講解硬性與軟性功夫的不同長處，述及擅長硬功夫與軟功夫兩位武術師傅的鬥法，場景是兩人碰到面前灑滿一地的圓形大豆，人站在其上很容易滑倒，裁判卻要他們兩人站在大豆上比武，結果是擅長軟功夫的師傅能夠運用輕功，站在大豆上行走與運功自如，擅長硬功夫的師傅，卻能運氣將腳下的大豆吹開，一邊吹一邊移動腳步，也難不倒他；另一次看到郎中脫去上身衣物，躺在倒插鐵釘的木板上，並請兩位大漢觀眾往他身上另一塊木板踩踏加重，其背部卻毫不受傷，所有觀眾無不拍手叫好。

受騙與後悔

也有郎中不甚老實，經人使用其販賣的藥物或其他用品之後，證實不如其所說之良好有效，會覺得受了欺騙，而感到後悔。雖然花的錢不多，但對農民而言都是血汗錢，折算下來都要損失不少農產品，或要做好多天辛苦的工，才能賺到，乃會憤憤不平。

如果郎中賣的藥物或其他物品確實不好，以後他再也沒有機會到村子做生意，通常這樣的郎中也有自知之明，不敢再來。但仍然有可能會被村人在他處遇上。有時也會被村人要求退貨還錢，但多半的郎中不會答應與接受，因此有時也會有糾紛。

村人會感到後悔，除了發覺買到假貨或劣貨受騙外，有時是覺得價錢太貴而受騙。發現價錢太貴，往往在事後，經過比較對證之後才會知覺，但在現場卻很容易被郎中的口才所折服。也因臨場看大家採購，而未有嫌棄價錢太貴的群眾心理使然。

村人有時對購買的物品會感到後悔，是在買回家後經家人嫌棄或責罵亂花錢之後才會有知覺。這種情形發生在購物的婦女身上較多，有可能被丈夫或公婆責罵，但當丈夫的買物被妻子嫌棄或責罵的也不是未有所見，這種會罵丈夫的妻子，多半都是較強悍的，這一類的後悔事件，不一定是因為被郎中所騙，而是發生在村人自己及其家人的心理變化。

最怕停電與下雨

郎中來村中表演與賣藥物等之夜晚，大家最怕停電與下雨，如果發生停電或下雨，那晚村人的休閒娛樂節目沒有了，郎中賺錢的機會也泡湯了。

我住的村子約到一九五零年代才有電力設施，村中才開始使用電燈。以前村人要照明，習慣使用提燈。這種燈具是以礬土為材料，可到村中的小店購買，用法是在燈具的底層放上一兩塊礬土，上層裝滿水，打開開關，水滴到下層的礬土上，就會化成可燃氣體，由細小的口噴出，點燃就可連續不熄，而能照明。過去農民都使用這種燈具在夜間到田裡察看田裡的水，包括灌溉水與排水，也用這種燈具到田間或水溝邊捉拿青蛙。在這時期郎中來村子做生意，多半也是使用這種礬土燈的照明。在觀眾圍觀的幾個角落置放一盞燈光，就可將表演的場地照明。

到了一九五〇年代以後，村子有了電力設施，郎中前來賣藥多半可向廣場周邊的農家借用電力，將自備的電線連接最近農家的電源，在現場就能有電燈照明。可是在這時期，電力的供應很不穩定，很容易跳電或停電，造成使用者的困擾。如果湊巧碰到停電太久，這晚的演藝與賣藥就做不成，郎中白跑了，村人也苦等了。為了預防停電的問題，郎中要自備照明設備，或臨時緊急向村中農家借用礬土燈。

另一種剎風景的情形是碰到突然下雨。這種情形在臺灣南部的春夏季節可能發生，因為在這種季節，雨水較多。當時氣象事業與服務不很發達，農村的居民未能明確獲得天氣預報的訊息，只能用目視或猜測天氣的變化，包括郎中在內。有的陣雨來得毫無預警，迫使郎中與觀眾不得不掃興而歸。有時在天黑之前，天空就有烏雲，是會下雨的預兆，但郎中也許太久未做生意，只好碰運氣，運氣不佳時，就會碰到中途下雨，提早收場，讓大家都掃興。

校外教育的一課

對於農村中的兒童而言，聽郎中說書講故事，或表演武功魔術，是校外教育的重要一課，在學校中觀看不到，也學習不到。這種功課對於兒童知識的成長，訊息的累積，都有直接的幫助。對於立志與未來的事業也可能會有啟發的影響。其中被影響最深者，是會有小孩子自小立志也走向郎中之路。尤其是家中貧寒，從小學畢業後無力再升學家庭的小孩，必須要去學藝謀生，學郎中賣藝是其中一條生路。

一般就學時期的兒童，對於從看郎中表演得來的訊息與知識都會覺得新奇可貴，因此也會津津樂道。於翌日上學時會將前晚所見所聞分享給同學朋友。這種校外另類的教育，較少有人去注意，唯如今我細想起來，意義是很重大與深遠的。

街上也常見有郎中賣藝的活動

在農村的鄉鎮街上人潮較多的地方，例如牛墟，在趕集的日子，也常見有郎中在白天就近設攤賣藝與賣藥。到鎮街上趕集的人，有的來自較遠處，觀眾中外鄉人也不少，郎中賺錢也較開放大膽，不像對待村人那麼保守細心。所謂較開放大膽，是吹噓得較為厲害，賣貨賺錢也較不擇手段。

在趕集市場偶爾也會發現惡劣的金光黨，專門以詐騙手法，騙取殷實農民的錢，對象不分男女老少。這種金光黨人多半是以調包、詐賭、或使用迷藥等不當手法，對他們所注意的人，騙取較大數額的金錢，比起規矩演藝賣藥的郎中，手法算是很惡劣，已至違規犯法程度。這幫人都不敢在同一固定地點行騙，不停的變換地點，但也會有被受騙人碰到之日。一般老實的鄉下人，碰到金光黨也不敢採取行動。唯有會同警察人員才能入他們的罪。但是如果警察知道他們是誰，又有一點人情關係，就容易讓他們逍遙法外。

我在一九八〇年代有一次到羅馬尼亞開會，那時羅國剛從共產制度解放不久，都市中金光黨及騙徒很多，都有警察牽連其中。我初到羅國首都的第一天，在大馬路行走時，被兩組金光黨假扮警察要我將口袋中的旅費交給他們檢查，在一瞬間被他們巧妙的手法，用零錢調去了大鈔，使我損失數百美元的旅費，報了警，沒有用，後來才知金光黨與警察都是結夥的。臺灣的金光黨與警察之間不能說一定也有此種勾結情形，但其詐騙的行為卻真令人厭惡，與賣藥的郎中大不相同。

第十三章 休閒與娛樂

生命週期的休閒娛樂分析

在前一章筆者追憶農村居民在夜晚免費看賣藥郎中大顯身手，這是鄉下人休閒娛樂生活的重要部分。本章筆者對鄉下人自小到老一生數個重要階段的休閒娛樂生活再加以追憶與分析。人的一生必然要經歷從小到老的歷程，在農村的環境下，每一個人在相同的階段休閒與娛樂生活都大同小異。但即使同一個人在不同的生命週期，所經過的休閒與娛樂都會有很大的變化，極富有探討的意義與趣味。

生命週期可用年齡來界定，也可用階段來劃分。用年齡界定嫌較瑣碎，少數年齡的不同，休閒娛樂活動的差異並不大，因此用階段來劃分會較有意義。一個人從小直到老死，約可分為嬰兒、幼兒、童年、少年、青年、成年、中年、老年等不同階段，在不同的階段，能力會有變化，在家庭及社會上的角色也會有變化，因而其休閒娛樂生活也會有明顯的變化。比較農村與城市在同一生命階段的人，休閒與娛樂生活的差異可能不小。但住在農村中，同一生命階段的人，其休閒與娛樂生活相差不會太大，因為其工作性質及社會經濟地位相差不大。

略去嬰兒與幼兒時期的休閒與娛樂不談

我在討論農村居民一生不同階段的休閒娛樂時，略過了嬰兒及幼兒期，而將少年及青年階段合併成青少年。略過嬰兒及幼兒期的階段不談，是因為在這階段，人的自主意識尚低，若有休閒與娛樂都被大人所安排，自己少有選擇。過去農村人口的出生率高，多半的家庭都經歷生育多個嬰兒，一般貧窮的農家，要使嬰兒與幼兒添飽肚子已不容易，少有餘力再使他們有豐富的休閒與娛樂生活。

農村家庭中能對幼兒照顧較多休閒生活的，大致都是較為富有者，或是生育較少兒女的家庭，對於幼兒感到較為稀罕與寶貴。這些家庭可能會給幼兒玩具等的休閒娛樂照護，一般家庭對於幼兒都僅能照顧其飲食及不出事而已。

兒童時期的休閒與娛樂

兒童階段約自五歲至十二歲，也即自進幼稚園至小學畢業的階段。在這時期，人已有自主性，並能充分表現自願行為，對於休閒與娛樂較能有自主的需求，且會設想獲得實現。依我個人在兒童時期的經驗，以及對於農家中此種年齡階段兒童的觀察，兒童時期的休閒與娛樂行為約有下列三項重要特性：

1. 與同儕遊玩娛樂的興趣高

農村兒童的同儕包括鄰居年齡相近的同伴以及同學等。與同伴一起遊玩的興趣較高，原因是年齡相近，趣味相近，且居住地點也相近，相聚見面不難。當家中大人因忙於田間工作，少有心照顧兒童的休閒娛樂生活時，兒童只好自謀發展，最可能的方法是找同伴朋友一起玩耍。

2. 創造低成本低消費的休閒遊樂方式

兒童不會賺錢，務農的父母也少給他們零用錢，且少能購買玩具贈送他們。因此兒童與同伴一起遊玩時，所用器材與方式都是免費或低成本者，也多半是出自兒童的創造，或從以前的兒童傳承下來者。

兒童在創造遊玩的器物時多是半就地取材。我自己經歷過也曾經見識過者，包括彈打龍眼核，削木頭做陀螺，刻竹管做會響的地雷，結紮林投葉子當棒球，用米籮的圓框當飛輪，用廢紙摺疊飛機，用分叉的樹枝及橡皮筋做彈弓，用粗細適當的樹枝或竹竿當球棒，在竹片上糊薄紙當風箏，用麻繩當跳繩，到田間捉蟋蟀互鬥，用彈弓打樹上或電線上的小鳥、用自作的捕鼠器捕捉老鼠，用細繩綁蚯蚓釣魚蝦及青蛙，用紗網捕魚蝦及蝴蝶，光著身子到池塘游泳，用泥巴做泥人或他物模型，削竹片做飛機模型，玩捉迷藏，到收成後的田裡燒土焢窯烤番薯，爬到果樹上採摘水果等。

兒童的各項玩法都不必花錢付費，卻都能玩得津津有味，多種遊玩方式中有些較有危險性，例如到池塘或小溪中游泳，會被大人責罵。大人對於安全性的遊玩消遣方式，都能同意或默許，但是對於危險性的休閒與娛樂則會反對。

3. 受約束性

兒童時期的休閒與娛樂，多少仍受父母管制。父母因擔心兒童的休閒、娛樂或遊戲會有危險，會有越軌，會傷人或傷己。父母難將視線時時盯住在兒童身上，但仍會十分關心，也會時時詢問，問其和誰一起玩，以及玩何種花樣。父母對於女性兒童的安全更會多心，常不允許她們走遠，或到外頭遊玩太久。兒童為了不受父母約束，要能盡興的玩，常要避開父母的耳目。

兒童與同伴一起遊玩娛樂時，會隨著一起娛樂人數的多少及玩法的不同而選擇不同的地點。一齊遊玩的人數越多，越需要較大的空間，可能選在庭院、馬路或廟前廣場等。一齊玩的人數較少，且玩法較靜態時，所選擇的地點則可能是在屋簷下，或在大廳的地上等。兒童的玩伴以同性較多，少與異性一起玩是怕他人取笑。

青少年時期的休閒與娛樂

此階段的年齡層是約自十三歲以後至二十歲出頭。我研究與觀察人在這時期的休閒娛樂特性，也約有如下三要項：

1. 嘗試接近異性

青少年時期對於異性已發展出接近的慾望，喜歡與異性朋友一起休閒娛樂。但在早年，一般家長對於女兒的管教都很嚴厲，致使男性青少年少有機會能與女性約會，但偶而也會偷偷邀約喜歡特定的異性，但都儘量不被家人或外人識破。到了後來農村中有四健會之類的組織，青少年與異性認識交往比較正常化。農業推廣人員經常會安排四健會員集會，討論農業及生活的事宜。農村中的女性接受義務教育的機會也與時俱增，青少年男女可經由畢業同學會而有較公開交往聚會的機會，家長再也不會反對。但我發現自此同村青少年由認識而結婚成夫妻者卻反而漸少。合理的看法是男女間神祕感減少，許多青少年到外頭就業的機會增加，每個人活動的空間變大，認識的異性朋友漸多，各自可尋找結婚的對象較為容易，不需要再多依賴媒人做媒，也不再局限在狹窄的同村或鄰村的異性中尋找結婚對象。

2. 初期的消費性

青少年的休閒與娛樂活動逐漸進入到花錢消費的階段，不再停留在兒童時期不必花錢休閒娛樂的階段。在就職工作之前，青少年的休閒與娛樂費用大致上仍得自父母支援，數額都很有限，就學的青少年常由父母供給吃飯及購買書本、文具費用，長輩所給的紅包錢，則可用作休閒與娛樂費。已工作能賺錢的青少年，可自籌休閒與娛樂費用。一般農家青少年工作的待遇都很低，能賺的錢不多，可用為休閒娛樂的費用也很有限。自從摩托車及自用轎車普及以後，青少年用於修車、購買汽油、繳證照費及交通違規罰款等費用，占了消費總額的很大部分，其中不少交通費用是因為在假期到較遠處郊遊的花費。

農村中少數較富有家庭的子弟，用錢較寬鬆，但這種幸運的青少年不多。青少年時期自我約束力低，較容易取得可花用在休閒與娛樂方面費用者，會有較多學壞的危險性。故表面看來較富有家庭的子女好像是較幸運，實際上並不全然。他們也許反而是較不知節儉與奮發向上，卻較容易頹廢墮落。

3. 容易觸犯規範

青少年的好奇心強，自制力弱，因此其休閒娛樂行為容易觸犯社會規範。都市青少年容易觸犯規範的休閒與娛樂行為包括吃搖頭丸、吸毒、飆車、街頭廝混、留連網咖與偷吃禁果等。在農村地方的青少年則常因愛下水游泳，對危險少有警覺，以致會被大人責罵，也確實曾有發生滅頂的危險事件。

成中年期的休閒與娛樂

此一時期是人生的精華階段，多半的人身體的健康條件都甚佳，工作能力旺盛，事業相當發達，都能賺錢養家，是家庭的中堅與主幹。在這時期可細分成單身未婚、結婚尚未生子、初生子女、兒女成長、兒女已婚等不同分期，在不同的分期，休閒與娛樂的生活都會有不同。

1. 單身未婚期

目前社會上單身未婚者漸多，此一時期的平均年齡也不斷延後，但在早前男女一旦成年，就很可能結婚。未婚的青春時間為期不長。這時期的成年人在休閒與娛樂方面的心態多半都很外向，樂於與外面的朋友交往，包括與同性或異性的朋友。然而在較早的時代，農村社會的風氣保守，女子能夠在外流連的機會不多。到了後來社會風氣漸開放，成年未婚男女在外自由交友的機會也漸多，但多半以郊遊的休閒活動最為常見。

2. 結婚尚未生育子女期

此一時期也即所謂蜜月期，新婚夫婦的休閒與娛樂以兩人世界方式為核心。在較早年新婚後的年輕農夫農婦幾乎天天都要一齊下田工作，可從中取樂。到了後來，農村的新婚夫婦也有可能各在不同的工廠工作，兩人只能在週末或休假的時間一起出遊或訪友。蜜月旅行是新婚夫婦一次重要的共同休閒與旅遊活動，住在都市或在工商界服務的年輕夫婦很可能選擇到國外旅遊渡假，但在農村地區道地務農的年輕夫婦，卻少有此種較高消費的蜜月之旅，若有蜜月旅行，多半只在國內進行。不少人以回娘家或探訪親戚朋友為休閒尋樂的去處。

3. 生育子女期

生育子女之後，蜜月期就告結束，年輕夫婦會有數年時間被年幼的兒女纏住，本身自由休閒與娛樂的機會減少，卻能從養育幼小兒女得到不少樂趣。這時期要到戶外休閒與娛樂，得將幼兒一起推帶或背負出門，也要為其攜帶尿布與奶水，較為麻煩，因此多半的夫婦以少出門為妙。

4. 兒女成長受教育時期

自從兒女上幼稚園開始，繼續經由小學及國中，多數的父母都與學校均分兒女的教育工作。父母兩人都工作者，多半將照護兒女的事，請公婆或娘家的父母多幫忙。到有空時再改由親手照顧。兒女尚小時期，年輕父母若有休閒活動，都將兒女一起帶出。此一時期當為父母者也常以兒女的休閒與娛樂為重心，本身則從配合兒女的休閒娛樂中分享一些休閒與娛樂生活的樂趣。例如當兒女學校舉辦運動會，或園遊會，都常附設家長參加的節目。當兒女想到外地旅行郊遊或外食時，也會吵著要父母陪同或帶路，當為父母者常都很難拒絕。當然也有父母對於兒女的要求少以理會者，也有子女根本不會提出要求父母陪同的情形，但這是較異常的少數。

自從休閒農場發展之後，不少父母都會攜帶兒童子女到農場觀賞花草，看牛、豬與雞、鴨。由年輕夫婦陪伴年少兒女一齊在休閒農場渡假的情形，在歐美國家甚為常見，這與其父母工作地點常在都市工廠有關，也因家庭自用汽車普及方便之故。但在臺灣的農村，父母盛行這種休閒方式者不多，若有，都是收入較高，並有假日的非務農者才較多見。傳統典型農家的父母，想要休閒與娛樂，多半都少去理會子女，常是獨自行動。

5. 兒女長大以後的時期

當兒女長大能自立之後，為人父母者大致也到了壯年後期。此時兒女到外地就學與工作者逐漸普遍，停留在農村中的父母進入所謂空巢時期。人在未進入老年之前，身體健康情況都大致還能行動自如。這些壯年後期的父母，休閒娛樂活動增加。最普遍的項目是偶而參加島內的遊覽活動，時間一天或兩天，少有長至三天以上者。一來家中飼養的家畜與家禽需要有人照顧。家中尚有父母高堂者，更不能出遊太久。

自從農村經濟有了起色，國外旅遊事業發達以後，壯年時期的農夫農婦偶而也有人隨團到臨近的國外旅遊。以一向旅遊費用較低廉的東南亞及中國為目的地者較多。赴日本的旅費相對較高，故較少有旅行社招攬。但是此一路線則被許多農村的壯年人所嚮往。

農村壯年人在地的休閒與娛樂，也普遍發展出組織性的活動。這些組織先是從農業推廣教育活動開始，而後也會附帶或轉變成兼有休閒與娛樂功能，其中以到外地觀摩最為普遍，可兼顧教育、學習與休閒、娛樂的目的與效果。接受這種成人推廣教育的中堅分子，也常是農村社區團體活動的重要分子。遇村子需要應對政府或其他外來要求的團體性活動時，這些推廣教育組織的班底，常成為較熱心接應者。由其響應也才能舉辦團體性的休閒與娛樂活動節目，例如歌唱比賽與園遊會等。由農業推廣活動延展出來的休閒與娛樂活動，結合農業工作與休閒娛樂。

老年期的休閒與娛樂

此一時期照法律的規定是指年滿六十五歲以上。老人時期對於休閒與娛樂生活有正面積極的有利條件，但也有負面消極的不利條件。有利的條件是指在心理上有享受餘生的需求想法，退休後也較有自由時間也有退休金可用為休閒的花費。但較不利的條件是，身體健康情況逐漸變差，常會心有餘而力不足。

農村的人終生勞碌，養家糊口頗不容易，少有餘力及心思從事較不尋常的休閒與娛樂生活。人到了年老之時，有者將家業逐漸轉手給年輕的兒女，如果兒女能有較高收入，常為孝敬父母，就會鼓勵退休的老父母到國內外較遠處旅遊。

自從國民的教育機會增多，年輕一代的教育程度增高，少數出身農村的子弟有人出國留學未歸，在國外居留謀職，日子也有過得不差者，就常會感念務農父母的辛勞，偶而會接去父母在國外小住些時日。能有這種到國外與子女兒孫相聚，並在兒女住在國觀光旅遊的機會，是居住在鄉村的農民很不尋常的境遇。這種人常會受到村人的羨慕，也是鄉下農民休閒旅遊生活的高峯。

到了晚近，政府的社會福利事業有了改善，對於農村老人的休閒與娛樂生活也漸能給以照護，經由組織老人會或長春俱樂部的組織，使老人由參與團體活動的方式，提升其休閒與娛樂生活品質。此種老人團體活動，包括指導老人做晨操、跳晨舞、促進身體健康。也由舉辦各種康樂活動，例如歌唱比賽、釣魚比賽、或騎腳踏車比慢競賽以及打桌球比賽等，都可增添老人的休閒與娛樂生活。

家庭為休閒娛樂重心的重要概念

雖然鄉村人的休閒與娛樂活動會因個人的生命週期而有不同與變化，但是在農村，家庭主義普遍都很盛行，因此休閒與娛樂生活也常以「家庭」為單位與重心進行。以家庭為單位或重心的休閒與娛樂，主要有兩層重要意義：其一是休閒與娛樂費用都以家庭收支為算計與運用的單位，少以個別分子為計畫與使用的打算；其二是許多休閒與娛樂活動都在家中進行，其中有關禮儀性的休閒與娛樂更是以家庭為活動的單位與重心。

農村的人常以家庭為休閒與娛樂單位或重心，此與都市人常以「個人」為活動單位或重心的概念相當不同。都市人比較傾向個人主義，個人的休閒活動少和其他家人混在一起，少與家人同行，預算也都獨自編列與消費。這種注重個人消費與行動的情形，在農村家庭中較不容許。

農村因為家庭主義較盛行，家庭人口結構的變遷，以及家庭經濟情況的好壞，乃對個人的休閒與娛樂生活都會有很大的影響。農村的人都較容易感受到家中有幼小兒女及老人牽掛，有幼小兒女牽掛者不能輕易離手腳。上有年老父母在家者，也都會因為父母在而不遠遊。至於家庭經濟影響之大，則可從窮人幾乎無休閒與娛樂生活看出來。

第十四章 婚姻、生育與養育兒女

說媒的藝術與能耐

農村住民的婚姻，在早年幾乎都是經由媒妁之言而成功，說媒是傳統農村婚姻的必經過程。農村中的媒人有兩種：一種是業餘的；另一種是專業的。業餘的媒人多半只是介紹相互認是的熟人，而專業的媒人則是只要知道那家有適婚年齡的青年男女，就認真用心去配對。業餘的媒人對於適婚男女雙方都很熟悉，因此都只丟出消息，而且消息都很真實。如果雙方都有意思成親，再進一步湊合。因為是熟人做的媒，消息可靠，只要彼此都認為合適，成功的可能性便很大。

然而職業媒人提供的消息，多半都較粗糙，既使媒婆對於雙方的真實背景所知，也很有限，因此雙方若想進一步了解彼此，都得進一步打聽或交往。有些媒人急於湊成親事，為能賺點紅包錢，甚至會有意無意提供不實消息。俗語常說「媒人嘴呼盧盧」，表示所言不一定真實。若不小心輕易答應，常會鑄成大錯。

專業媒人為能成事，在說媒過程都很有藝術，也都很有能耐，很能說動聽但自己卻不必負責任的話。有一則在農村中流傳的說媒藝術的故事，媒人做媒的男方是個瘸子，女方則有一個眼睛失明，媒人安排兩人相親時，事先告訴男方要將有跛的一隻腳翹在門後，告訴女方將受傷失明的一隻眼睛遮在另一扇門後。媒人則告訴兩人要將對方看得清楚，且口中念念有詞說「三人共五目，以後長短（腳）話就不該多說」。擺明將雙方的缺點以及自己擺脫責任的態度都藏在短短的兩句話中，你說他欺騙，她卻把底細都說明白了，卻說得有點藝術，不很露骨，否則親事就做不成了。

專業媒人的另一專長是要有能耐，不厭其煩。常可將本來難以成局的親事能說成功。重要的能耐包括勤於走動，好話多說。不少農家之間的婚事，都是經過媒人的熱心與能耐，才湊合成功的。

自由戀愛的演變

過去臺灣農村社會婚姻的媒介也有變化，約在兩個世代近數十年的期間內，自由戀愛由幾乎全無的情況，變為也漸被接受與流行。唯至今經由媒妁之言而成親者仍有其人。

古時婚姻全憑媒妁之言，因受男女授受不親的風俗與觀念所致成。農村的風俗極端保守，認為男女關係以從一而終為是，自由戀愛容易使男女雙方關係親密接近，如果婚姻不成，會破壞單純的男女關係，對於家風及當事人的生理及精神心理都有不良的影響。因此古時，農村的風氣不容許自由戀愛，既使訂了婚也還不容許約會。我的父母是西元一九一〇年代出生的人，他們訂婚三年，卻從未見過面，當時農村的風氣普遍如此保守。

自由戀愛隨著教育的普及家庭外就業的機會增多而逐漸流行。婚姻畢竟是終身大事，今日的年輕人希望選擇自己喜歡的人為終身伴侶，因此都希望彼此先有充分的認識與了解，才談論婚嫁。這種要求頗為合理，但是問題也很多，重要的問題包含當事人與父母會有不同看法與意見，產生年輕人同意父母不同意，或父母同意年輕人不同意的歧見，致使戀愛與婚姻會有不一致的矛盾，有時鬧成不幸的悲劇。不少戀愛的情人中途變心或始亂終棄，也會產生另一種悲劇。

儘管自由戀愛有缺點，但是因為門戶已開，風氣已流行，多半的農家青年也願嚐試。不少人在剛開始要自動認識異性朋友的階段會有困難，乃逐漸演變為經由雙方都熟悉的人介紹，而後開始交往，交往認識期間都能充分以自己的意志接觸對方，認識對方，相當於自由戀愛，合適才會論及婚嫁，不合適仍可收回，算是折衷的自由戀愛。但因有過自由的接觸，前述自由戀愛的缺點也就可能發生與存在。

自由戀愛最先進的方式是，自從開始就由青年男女自動追求認識，無須經人介紹。此種情況發生在曾經是同窗的舊同學或在同一地點工作的同事較為可能，否則典型的農村中青年未必有膽量，敢於對陌生的異性展開追求攻勢，因為會害怕被對方拒絕，也怕被村人恥笑及大人責罵。但是自從都市化與工商業化程度提升以後，許多農村的年輕人紛紛外移就業，村人及家中大人再也很難監視他們的交友行為，年輕人在外結交異性朋友機會增多，自由戀愛的風氣也大開。專業媒人不見，婚禮上的介紹人也常非真正的媒人，只是找雙方都敬重的長輩擔任而已。

婚禮的喜悅與合作行為

婚禮是喜事，相關的人都會分享到喜悅。最能感到喜悅的應該是兩位新人，其次是其雙親、家人及親友。如果兩位新人的愛意真實堅固，則所喜悅的是自婚禮以後就能共度一生，朝夕相處，形影不離，同甘共苦，形同一體。當父母者會感到喜悅是因為見到兒女找到了如意可靠的歸宿或伴侶，從此可以獨立成家，再也不必依靠父母，父母從此可以卸下重任。其他家人感到喜悅，因見新人長大成熟，從此擔當大人的職責，對家庭都能盡更有意義的貢獻，也將家庭的親友圈擴大。親戚朋友分享喜悅，則因跟隨風俗，給人慶賀，也可在婚禮宴會上吃一頓美食。

事實上不少婚禮的背後，也有哀歌，只是大家都避而不談，或裝聾作啞，因此少對婚禮的負面哀怨或悲泣多加談論。表面看到的都是喜悅。

婚禮喜悅的氣氛還有更多，包括發紅喜帖，張燈結綵，貼紅門聯，掛紅色喜幛，使用紅色棉被及枕頭，掛紅色蚊帳，包紅包，結紅彩帶，以及鋪紅色地毯等。此外也常請來大官或知名人物說祝賀詞，說吉祥話。新娘還需要恭請家人、新親戚、新好友喝甜茶。

在舊式農村婚禮當天還表現了多種合作行為，非常值得讚揚。婚禮當天，新娘都要將嫁妝送到夫家，在中午時分男方會宴請許多賓客，新娘一家則於翌日歸寧宴客。婚禮的儀式及宴客的過程需要許多人手，都要依靠親戚朋友與鄰居的合作與幫忙。幫助與合作搬運嫁妝，排列與整理餐桌椅，洗菜、切菜與端菜，也在餐後清洗碗盤、筷子與湯匙等。若無他人合作幫忙，僅由自家人工作，一定忙不過來。這種婚禮上的互助合作行為到了新時代改交由商業性的餐聽代辦，也才逐漸省略與少見。但是當今農家辦喜事時，親友包的紅包不會很大包，宴請賓客仍以自己辦桌的方式較為合適。至今辦喜事的家庭在家中庭院辦理宴客的風俗還是未完全消除，親戚、朋友與鄰居的互助合作行為也還常可見到。

結婚之後兩位新人進入新的生活型態及新的社會關係。這些新生活型態與新社會關係也因多數人都需遵守實行而成社會規範。因為新的生活型態及新社會關係是過去所未有，故要加以調適，並且要加以接受與實踐。若調適不好，也未能接受與實踐，便會出問題。

婚後的重要生活形態是生活不再是個人單獨的事，處處必要考慮兩人世界。自己的言行舉止都對身邊的另一半有很大的影響，自己也受對方的一言一行所影響。因為彼此都會有影響與牽連，食、衣、住、行、交通、娛樂等生活內容都有必要考慮伴侶的存在，而要多加節制。煮飯燒菜不能只顧自己喜歡吃的種類，也不能因為自己不愛吃就不煮。衣物也不宜只穿自己喜歡而會讓對方看不慣者。看電視、電影與訪客、旅行等行為，同樣也不能只考慮到個人的喜好。總而言之，在生活方面的新規範是不能只顧自己，而要尊重對方，更要盡可能建立兩人的共同興趣、偏好與價值。

至於新社會關係即是要多認識，進而接受另一半所擁有與歸屬的部分，也將自己擁有與歸屬的部分介紹並分享給對方。包括接受對方的家人、親戚、朋友，以及所有認識的人。尤其是對於對方的家人，應多敬重，而不便多加干預。

事實上，許多新婚的年輕人，乃至其背後的親人，對於處理與應對青年人婚後的生活與社會關係都未能很順手，也不很正確，因而會引發不少問題，以致兩人會失和，與對方的家人、親友也失和。兩人關係起摩擦，婚姻的失敗就因而產生。輕者失去和諧與親密，嚴重者演變成離婚收場。不少農家子女在結婚後的短期間都會發生摩擦與失和的問題。

接生婆與助產士

多數的人於婚後不久都會生育，嬰兒誕生則都要有專人接生，目前都由產科醫生接生，但在早年則是由接生婆也稱產婆及助產士接生。產婆是憑經驗，卻未經過護理教育的婦女或阿婆，助產士是指接受過護理教育而有較多醫學衛生知識的仕女，也有合格的執照。接生婆與助產士對於正常嬰兒的接生並無太大問題，但碰到胎位不正常而難產的情況，常會有難以處理，或處理不當的問題，輕者有傷及嬰兒或孕婦健康，嚴重者可能導致難以補救的死亡悲劇，也因此生育是很危險的事。農村中對於生育的婦女有這樣的形容：「生過手（生育成功）麻油香，生未過手（生育失敗）四塊板（即棺材之意）」。

嬰兒臨盆時間不定，有的在夜間誕生，在緊急的情況下，只好請來村中有經驗的產婆接生。有執照的助產士，在一個鄉鎮不過只一兩位，且多半住在街上。在較偏遠的農村臨時要請，也請不到或請不來，這也是在農村中即使缺乏正規訓練的產婆，也都還會有人問津的原因。

農村中的產婆接生嬰孩的過程很簡單，先要孕婦家人準備一盆溫水，自己帶上一把剪刀，當嬰兒哇哇落地時剪掉臍帶，將帶血的嬰兒頭臉及身上的血跡洗乾淨，就算接生完成。也許農婦平時下田工作，運動量夠，故少有難產的情形。經濟上比較過得去的家庭，如果要請有正規訓練的助產士接生，常要騎腳踏車到鎮上敦請，助產士則由人力車夫拉到產婦家裡接生，當然費用都會比較貴。到了鎮街上有產科醫生的時代，產婦都預先送到產科醫院待產，等到臨盆時，就可由產科醫生接生。

生男育女的禮俗

正常的人生過程在婚禮後不久都會生育兒女，農村社會較為傳統，生育兒女的禮俗不少。當娘家預知嫁出的女兒即將分娩，通常會事先飼養幾隻雞，供女兒生育後補身之用。如果生男，則要送親友油飯。後來也有演變成贈送蛋糕者。花費則由女方補貼與負擔一部分。外孫年滿十六歲時，外公需要替他慶賀成年，方式是贈送厚禮，例如贈腳踏車一輛。以上這些禮俗都是關係婦女娘家方面要做的部分。其他有關嬰兒的禮俗則還有不少。

嬰兒命名是一大學問，不少家庭替嬰兒命名都很講究要配合他的命格之強弱及得失。針對其較虛弱缺乏的部分，選擇恰當的名字給以補強。而命格的強弱及得失主要看其五行，也即金、木、水、火、土。缺金者命名要有關金屬，缺乏木，名字就要有木，缺水者名字常有三點水，缺乏火，名字要加火，缺土者則名字就要有土。有關命格的推算不是每人都會，常要花紅包請算命先生幫忙。當父母的農民很少直接替兒女命名，主要是不識字或識字不多，或對於文字的應用能力不足。也有失之迷信，或對兒女過度關愛，認為只要給對名字，前途必然看好，較少注重後天的教育與努力學習。

給受驚嚇的嬰兒收驚也是常見有關嬰兒的禮俗。需要收驚是當嬰兒愛哭或排便尿等生理情況有異樣時。收驚的方法是請來巫婆，將布巾包一碗米，針對嬰兒搖晃並唸唸有詞，打開米碗，視米粒浮出的情況，就可進一步了解其原因，進而再視病情而使用適當辦法加以化解或治療。這些禮俗反映傳統農村社會醫療制度與服務欠佳與不足，乃以此種近乎巫術的方法來處理嬰兒生理上的不協調與毛病。

養育兒女的艱辛歷程

兒女出生之後，都必須要用心扶養他們，才能長大成人。必須要教育他們，才能成為較有用之人。但是養育兒女不是一件簡單容易的事，在農村家庭尤其不容易，歷程常是很艱辛困難。

扶養兒女的第一項艱辛事是，母親極為辛苦。母親要下田工作，嬰兒要吃奶時，常要將嬰兒由其他家人帶到田裡或由母親回家一趟餵奶。母親奶水不足則要以米的粉末泡水代替。以前很難買到牛乳或乳粉。市場上若有賣，農家也常買不起。農家替嬰兒治病也艱難萬分，嬰兒容易生病，看醫生則要到鎮街上，來回要數公里。農家缺乏交通工具，也不容易湊足醫藥費。不少生病的嬰兒常因耽誤治療的好時機，而提早死亡。當大人忙於農事，對幼兒照顧不周，幼兒容易遭遇危險事故，例如身體受傷或被水溺斃。

教育兒女的艱辛之事，首先是面臨家中缺乏人手或因經濟拮据，而無法給兒女上學讀書。與我同年出生的村中女子無一人上完小學，男生上初中以上者也不多，都是因為這種原因造成。偶而幾個較會唸書的小孩，能考上城裡較好的學校，但通學或住宿都很辛苦。通學的辛苦是浪費時間，睡眠不足，住宿的辛苦是家長不易供應租屋及外食的費用。不少務農的家長都是經過咬緊牙根，勉強支持兒女受教育，家中沒錢或缺錢則賣地填補，常至兒女教育完成時，祖產的田地也賣光了。

兒女長大可以做事，要謀求一個農場外的工作職位，常要拜託貴人幫忙，有時還要送人紅包，卻不一定有效。當父母的都非常感慨養育兒女之不易。

經過如此艱辛養育兒女的過程，兒女長大之後若能孝順，父母還得以安慰。如果兒女不孝，常以不當的語言刺激，父母必然會感到很洩氣，很傷心。因為兒女不孝而洩氣與傷心的父母大有人在。養育兒女之難，可說難以上青天。

高嬰兒死亡率及原因與後果

目前臺灣全人口的死亡率很低，嬰兒的死亡率也很低，但是在農業經濟及農村社會為主流的時代，全人口及嬰兒的死亡率都高。原因很多，後果也很不良。

高死亡率的重要原因，包括嬰兒的食物不佳，營養不良，容易疾病。當時公共衛生不良，各種流行病相當猖獗，嬰兒很容易被感染。醫療設施與服務又不甚良好，染病後治療不易，很容易演變成重病而致死。

許多文化因素對於嬰兒衛生的照顧也欠當，例如母親以口嚼食物餵食嬰兒，嬰兒有病不去就醫，而用求神問卜的迷信偏方處理，都很容易延誤醫療。當時赤腳醫生流行，求醫也常找來赤腳醫生，醫療方法與技術都有不當的問題。

嬰兒容易生病與死亡，會有許多不良的後果。首先是死亡率高帶動生育率也高，為的是為能保險有兒女可成活長大。嬰兒死亡最傷心的是生育的母親，母親常因傷心過度而傷害自己的身體。

有嬰兒病死的農村家庭也常因經濟不良所引起，卻也會造成家庭經濟不振，因為治病要花費金錢。家中若有幼童生病或死亡，在治病與治喪期間都會耽誤大人正常的工作與休息。

另有一項有關嬰兒死亡的不良風俗是，經過多年之後仍有後遺症。有一種後遺症是當其他家人有病時，求神問卜的結果常會牽連到早年死去的嬰兒有所要求，有者求要解救或要結婚。如果要求結婚，又會展延展出冥婚的儀式。被這種婚姻牽連的人，有者固然還能接受，有者卻很不願意。

總而言之，高死亡率是一種社會資源的浪費，是家庭與社會的負擔，對家庭與社會都有不良的影響，兩者都很不得已要背負些不良的後果。

第十五章 信仰、迷信、疾病與求醫

農村的人寄望神明、卜卦與算命的無奈

農村的人比城市的人相對較信奉神明，也較相信卜卦與算命。原因很多，村民居住與生活環境接近自然，頗能領略與體會自然的神祕、力量與偉大之處，乃將之轉移到信仰較為模糊與玄妙的神靈境界。會有這種信仰也常出於無奈，因為對於科學知識相對缺乏，也因缺乏能力運用科學的工具與方法來應對生活。加以四周圍的眾人普遍有求神問卜的行為，自己也跟隨學習效法。如果未能跟隨照辦，無事則可，倘若出事，他人就會閒言閒語，自己聽到了會不好受。

求神問卜的心理動機無非是要祈求神明保佑或能開示先機，使人能夠事先做出適當的預防與應對。是否有效常會落入模糊的境界，信之則靈，不信就不靈，自己內心既有定見，他人也少能干涉與改變。

寄望的事項與多種的信仰與迷信

鄉下人家會去求神問卜的事項很多，重要者包括有關家人身體的健康、運氣前途、升學、就業、婚姻、建屋、搬家、投資、置產、外出旅行、與人衝突或合作等等，都是可問可卜，也是必要問卜之事。

農家與農民要問的神很多種，要卜卦要算的命，也有很多種。神的種類包括管理自然界的天公及土地公，管理死人陰界的閻羅王，也包括歷史上英雄忠義及慈善人物所變成的神，例如關公、張飛、觀音佛祖、媽祖婆以及能驅除邪惡與妖魔鬼怪的門神鍾馗等。信仰者只要有求，心裡覺得有回應，也就較能心安。

求籤、卜卦與算命的目的都如出一轍，為能了解家庭及個人的過去及預測將來。求籤問的是神，卜卦問的是鳥類或烏龜，算命者則是活生生的人，其中有的是眼睛不明，有的則是眼力過人者。一般被認為靈驗的算命先生都有一定的邏輯能力，根據求算的人給其若干基本資料，便可合理推算出若干相關訊息。我一生幾乎沒算過命，因為寧可多相信自己的作為必有因果關係。但有一次和同學起哄，一起求見一位傳說中可以算得很準確的瞎眼算命仙，他先問我幾項資料，包括家住何處，當年幾歲。而他給我的命運答案是小時曾有災難，往後要發展必須往東北方。我對這兩項答案都不能說他錯，但也不覺得有何特別高明。算命仙說我小時有難，可由我的年齡推算我經歷流行病及二次大戰的災難，當時霍亂、瘧疾、白喉及小兒麻痺等流行病盛行，人很容易被感染致死。美軍飛機天天空襲與轟炸，沒被炸死算運氣好。說我若想發展要往東北方，因為他已知道我家住在臺灣的西南部，再往西是海，往南往東，都不如往東北好，往這個方向有幾個較大的都市，那時代的年輕人想要有發展的前途，就不能再停留鄉下，有必要往大都市遷移。因此，他給我的兩個答案並無錯誤，但我覺得他是推測出來的，並非有何神算。

至於求籤、卜卦，則是隨機的解讀，反正人隨時都有好運與惡運。籤詩與卦文的內容不是好，就是壞或平平，而此三種運氣，對每個人而言，也都是很必然的事。將上籤、好卦與幸運的事連結在一起就算靈驗，將下籤、壞卦與不幸的事連結在一起也同樣很靈驗。算命問卜的人花的錢不多，應驗也好，未應驗也好，損失都不大，若能求個心安，就夠本。

寄藥包與赤腳醫生的治病方法

在我的兒童時期，臺灣農村地區常有專人到家中寄放藥包，農家有人生病就可方便即時打開藥包服用。村中也有一兩位赤腳醫生替人看病，也給村民帶來方便。這些很不正確的治病方法，卻也曾救過不少村人的健康與生命，但也可能耽誤過一些人的健康與生命。耽誤倒不一定是指直接傷人或害死人，而是指其未能對症下藥，使病人拖延了治療的黃金時間。

寄藥包是指在農家大廳吊上一個藥袋，裡頭裝進數種較可能用到的小藥包，當被寄的家中有人發燒感冒或肚子疼痛時，打開藥袋取出藥包，常可制服疾病於一時，可收緊急醫治之效能。藥錢則等寄存的人再訪時付給。來訪時間不定，大約一個月或一個多月一次。再訪時清點已被使用的藥包，並再作填補。寄存的人對於各種藥物的名稱及效用都能明瞭，但並非是藥學系的畢業生，其了解的藥理主要是由見習獲得，必然也經藥廠訓練過。

赤腳醫生是指未經醫學正科班畢業，但多半都經過當為正式醫生的助手，也稱為藥局生。經過數年在醫院中幫忙實習，學會了打針用藥，就在農村地區正式行醫，治療農村的病人。當時全臺灣的醫生缺乏不足，政府對赤腳醫生並未嚴格取締，可由患者自由選擇。只願意付較少費用，也相信赤腳醫生的治療方法有效者，就會前往求診。農村中的赤腳醫生有者是本村人，也有來自外村的人。有的設有固定的診所，有的只提一個皮包，裡面裝了些醫療用具與藥物，可隨時到患者家中診察與治療。

農村中的赤腳醫生有用西醫療法者，也有用中醫療法者。用中醫療法者多半都是開中藥店的老闆，或打拳的師傅，後者以接骨及推拿的特殊療法見稱。中醫常用把脈診斷病情。中藥則要加水煎煮，熬成一定濃度才服用，用法較為麻煩。但不少農村的人認為中藥較不傷身，乃願意以較麻煩的程序看病及服藥。中藥也常標榜能有補身的功效而吸引病患。

求神問佛的治病行為

早期農村中當有人患病時，常以求神問佛的方法處理。問神的方法有兩種，一種是到廟裡燒香拜拜求神保佑，拜完後取回一個香灰包，泡成符水服用。廟宇的香火越興盛，祭拜的人越多，被認為神力越靈驗，也越值得鄉民去祈求。鄉下人如果不方便到遠地香火較興旺的廟宇，就會到附近較小的廟祭拜祈求。

問佛是一個代名詞，並不僅限於諮詢佛祖或其他佛教的神明，而是包括弟子們熟悉且可能祭拜的眾神中的一位，其中有佛教的神，也有道教的神。求神問佛的過程是將神明的金身菩薩請到家中祭拜，也請來乩童，由神依附在其身上說明病因及治療方法。乩童替神明代言，講的話與正常的語言不同，凡人常不知其意義，必要有一位「桌頭」，也即是翻譯人員，坐在桌邊幫忙解釋。

依照神明或乩童的解說，病因常非指生理上的毛病，而是指與陰陽兩界的環境與事務有關者，包括某地方有陰魂作怪，家中已死去的人有所要求，或家宅、墓地等今人及前人居住地點方位不對等問題。要化解這些問題不是使用醫藥，而是要用祭拜、改運、乞願等方法處理。

乩童於胡言並將事務交代清楚之後，即會退出，終止醉意，恢復正常人的模樣，主人得準備點心供做消夜，並給紅包當為酬謝。如果乩童是鄰村的人，也得請其在家過夜，翌日才離開。不同神明的乩童發作時的狀態不同，動作不同，聲音也不同。例如三太子童神發作時的聲音是童聲的模樣，豬王爺發作時則會流口水。

乩童與神棍

乩童與神棍都是神的代言人，溝通人與神之間。乩童屬於特定的神；神棍則是能與各種神接近，兩者都可替神傳言與通令，常替人喬與神有關的事情。

在傳統農村中普遍都有乩童與神棍存在。乩童的角色與職務已述說於前。在此對於神棍作多一點說明。神棍是一種半神職的人員，其與牧師、神父、和尚、尼姑的全神職人員不同。這種人物多半是村中的農人兼任者，也常是家無恆產或遊手好閒之人。具有職業的性質，當其提供服務時，都要收取紅包或一定的費用。

神棍的半神職任務有多項，除扮演「桌頭」擔任乩童講神話的翻譯者之外，還能幫人解除惡運及改變命運，也能替神給處方。安排人與神接觸是其擅長，有接觸就有事做，也就有錢賺。

神棍不僅替活人辦事，也替死人辦事。所辦的事若涉及死人時，都將活人、死人與神明牽連在一起，其中活人仍是最重要，因為只有活人能付費。

有些神棍長期駐在廟裡當廟公，也有些神棍平時遨遊四方，到處騙錢、騙吃、騙喝，後者是較不入流的典型。但有些辦理有關神明之事的人，道行很高，操守品德也很好，此種人不應被稱為神棍，但靠神吃飯仍是其本質，是農村社會中三百六十五行職業的一種。

牽亡魂

牽亡魂是一種巫術行為，牽者常是農村中的婦人，所牽的亡魂則是已死者的靈魂。主題都是有委屈與怨恨待解除，需要活人替他們彌補。重要的委屈與怨恨如到了結婚年齡而未婚，或是在世的時候受到他人虐待，死後仍覺不平。陰界的亡魂在早年死時有的是嬰兒，也有的是老人，如屬後者在生前常因為子孫不孝，乃要求討回公道。

巫婆牽亡魂多半都有幾分實情，事端都因活人不平安所引起。經過牽到亡魂之後，有的要求辦婚事，有的要求做功德，給其祭拜，也有要求化解一些住處的障礙，或要求給其安上神位。家人或相關的人得知這種訊息之後多半都會照辦，藉以求得平安。事情辦妥之後會給牽引的巫婆紅包，付費用。

牽亡魂的事務中有一種會牽連到家人以外的人，即是牽紅線辦冥婚。先是有人夢見要辦這檔事，或因有人生病，表示得到神鬼的指點。辦冥婚的標準過程是由已死去女子的家人丟紅包或物品在路上，撿到的如果是男人，即成為匹配的對象。通常男方也不會反對，因怕反對會得罪死人，會有不良的報應，包括可能生病、死亡、破財、坐監等不祥後果。經過牽紅線的巫婆從中穿梭，湊成婚事，男方若已結婚，則其妻子也得同意承認另一個娘家。

牽到嬰兒的亡魂時，有的要求追認一位養母或義父，或一對義父母，專業的巫婆也會替其安排適當的人選，達成其心願。

煮油鍋驅魔鬼

傳統農村都會有鬼怪作弄村人平安的傳說，村人認為有必要藉著神的力量驅走魔鬼。方法之一是扛著油鍋，挨家挨戶以及到大樹下、橋頭邊或土地公廟旁等陰氣較重的地方將魔鬼驅逐，或對神的敬謝，藉以保護村人的平安。油鍋由兩位壯士抬著，前後圍繞村中每戶的代表人物，以及至少一位守護神明的乩童。每到一家都由一人口含燒酒，噴入高溫的油中，油鍋就會起火，表示已將魔鬼驅出門外或陰森之地。

油鍋中所用的油主要為花生油，燒酒都為米酒或清酒之類。噴酒的人，口含酒精過多時，會酒醉，故中途常要換人。更換多少位，則視村子規模大小及繞行時間長短而有不同。驅鬼的時間大約在傍晚，當村民剛吃過晚飯後進行。鍋中的油多少要適中，不宜太滿。煮油鍋求平安的事最多一年一次，有時會歷經數年才辦理一次，不像放蜂炮的慶典儀式，年年都放。

求醫的困難與失醫及誤醫的後果

傳統時代農村的人藉著神明與巫術治病，除了心理上未能破除迷信的主觀因素，也因求醫困難的客觀因素造成。求醫困難則因為醫術難學，也因醫生不願在農村行醫。醫術難學與其學問複雜，入門狹窄，花費太高，學程太長，執照難取有關。少數醫學院畢業生，學有專精之後，都較傾向在大醫院服務或在都市開業，既使下鄉行醫也僅至縣城或鎮街上，極少到村子服務者。

住在村莊的農人有病要看醫生，最近也要到街上，常用牛車將病人載到，但要耗時甚久。早時腳踏車仍不甚普遍，既使家中有輛腳踏車，載病人也不甚安全。看病路途上的交通困難是一大問題，也是第一項阻礙因素。鄉村醫師的收費雖然較低，但也常非窮苦的農家容易負擔，這是阻礙農村的人及時就醫的另一個因素。鎮街上的醫師雖然也都經過合格的教育與訓練，但是醫術的項目複雜，每人學習與實習過程都各有所專。前來求醫的病人，各種疑難病症都有，有的病症並非鎮上少數醫師的專長。由其充數治療，不見得有效。尤其是需要經過精密檢驗及開刀的病症，常會超過在鄉醫師的能力之外，若由其治療，其結果是病情會惡化，可能提早死亡。

多見無牙、傷眼、與壞腿的病人

農村的人治病的方法很多，也因為疾病有很多種。早前臺灣嘉南平原一帶的農村最多見的疾病則有三種特別需要加以說明：第一種是無牙；第二種是傷眼；第三種是壞腿。三種常見的疾病反映當地生活環境與內容的特殊情形，以及治病醫療的特殊狀況。患這三種疾病者多半還能或必須到外邊走動，故容易被外人碰見，不像有些內科的疾病，病情輕時外表不容易看出來，重時已無法外出走動，故除家人外，很難碰見外人。

無牙的疾病多見於中年以上的人，而以老人更為普遍常見。無牙的年老農民與其對於牙齒的保養欠佳有關，蛀牙或牙痛時未能及時治療與補救，補牙的費用又高，牙痛就拔牙，因此很快就將全部或大部分的牙齒拔光。但農人都很堅忍，常見滿口無牙的老農，仍能啃咬硬甘蔗，直到實在無法進食時，不得不將口腔配上兩大片假牙，於白天及吃飯時裝上，於夜間睡眠時拆除。人拔掉假牙時，整個嘴巴凹陷，突然變得更老。

農村傷眼的老農也不少，主要原因有三種：第一種是工作場所飛砂很多，很容易傷眼；第二種是洗臉用具不清潔，窮苦農家常是全家人或多人共用一條臉巾，或擦身與洗臉的毛巾同是一條，洗腳與洗臉的盆子同是一個；第三種是沿海村民長期使用含鹽分高的地下水洗臉，久之常會造成紅眼睛，甚至眼皮容易潰爛。到農村看到的老人眼睛不受傷害，還能保持明亮者實在不多。

壞腿的重要原因有兩種：一種是小時患了小兒痲痺症，造成一條腿萎縮，兩腳站立或走路會失去平衡，走路時會拐擺不穩；另一種原因是濱海鄉鎮居民長期飲用含砷成份偏高的地下水。遭砷中毒嚴重者，變成烏腳病，病到末期常不得不截肢。筆者小時有一次隨家人到離家不遠的南鯤鯓寺廟拜拜，見到廟旁許多斷腿的乞丐，都是住在附近患有烏腳病的窮人，令我印象深刻，一生不能忘懷。感嘆世間竟有這麼多悲慘的人。這截腿的病患直到當地裝設自來水後才見改善。

早前沿海農、漁、鹽村的居民，患了烏腳病後要求治也無門，後有一宗教團體就地開設一家專治烏腳病的診所，當地的居民才見到一道曙光，開始獲得比較有效的治療，但中毒已深者，終究難免要步上截肢的命運。

信仰與迷信的心理功能與極限

農村的人信仰與迷信神明與邪說，常出於知識與實際能力不足的無奈，不得不由信仰或迷信而求得心理的慰藉與出路。但是信仰或迷信神明與鬼怪以求得解決問題的效果畢竟很有限度，疾病不能治好，命運不能變好，家庭經濟也都無法改善，婚姻也難變得更加美滿。這樣的極限必要尋找正確的途徑謀求改進。治病要能從改善衛生習慣做起，也要注意飲食營養，以及找到正確的醫院及醫生，才能比較有效。命運要多靠自己努力，以及適當管制自己的行為，才能變得更好。家庭及個人的經濟要能改善則要認真工作，且要有較高收入的工作。但要獲得這種工作也都要由充實自己的知識與技能做起，並配合政府正確的政策。婚姻要能美滿應不該太信賴算命仙的一派胡言，很必要由自己修心養性，善待配偶做起，甚至應由找到適當的對象，才能情投意合，恩愛度過一生。

農村的人對前途、求醫、求學及找事都太過相信宿命。雖然有其缺陷，但也因而較能安份，這也是其不可多得的優點。不少農家與農民雖然生活過得並不富裕與健康。卻也能很心安理得，並無太大野心與太多怨言，此與其有堅定的信仰甚至有迷信不無關係。

第十六章 死亡及其祭典

不分年齡與性別的死亡

人口學家告訴我們，死亡的機率會因年齡及性別差異而有不同。但是事實上，人不分老少或男女都會死亡。當然一般年老的人比年輕人較容易死，但在未滿五歲的小孩，生命很脆弱，也很容易死。男人比女人也較快死。這些死亡的現象幾乎成為定律。然而俗語也說棺材裝死人不裝老人，說明死亡不一定到年老才會發生。任何人在任何時間死亡，就是生命的終結，不論在生時多麼有權勢，多麼富有，都要從社會的舞臺上退場。

人的出生與結婚是大事，死亡也是一件大事，只是死後再也沒有知覺，自己已不知事情有多大。死亡事大是由別人理解與評斷的，有人死亡令許多人感到悲傷與留念而展現死亡茲事體大。有人死亡使許多人高興、雀躍與痛快，也能襯托其死亡之必要。比較不同人的死亡事體大小不同，有人死亡事小，但有的人死亡事大，多半也是由活人的感受而判定的。

人在年少氣盛時死亡，被認為枉死。到了年老力衰兒孫滿堂時死亡，被認為是壽終正寢，駕鶴西歸。因意外車禍或災害而死，則常被稱為慘死。因為重病或因犯了重罪被判死刑，則是無可救藥的死亡。可見死亡雖然都是一命嗚呼，但其性質與意義則有許多種，且甚為不同。也因此死亡被許多人很在意選擇，也被許多人樂於研究與討論。

折壽與正寢

許多居住在農村務農的個人與家庭，對於死亡的類別最在乎的有兩種，即是折壽或正寢。這兩種死亡的類別對於死者及活人的意義都甚為不同。對於死者而言關係其一生的成就、貢獻、價值都不相同，對於活人而言則其感受、評價、與應對辦理後事的方法也都不同。折壽的人指未到該死的年齡或情況就提前死亡，死者必然還有許多事情未做，包括工作、休閒與娛樂等都未完成，因而必有貢獻未盡，心願未了的遺憾。對於活人必也因為未見死者展露才華與成就，而大失所望，或未能伴隨與相處較久而傷感。

被稱為折壽者常是年輕少壯，或血氣方剛，事業騰達的青壯年，因為猝死，或慘死而突然離開人間，都有壽命提早夭折的不自然性。活著的親人於其死後常會感到不安，而會為其多做功德作為彌補。或猜測其願望，在形式上幫其完成。

活人為折壽的親人所做的重要功德常要請來出家人幫其誦經，使其靈魂能被超度升天，或請道士歌頌牽亡歌或辦祭典，用意也是在引渡其靈魂跨過奈何橋與枉死城，不因折壽而被引到歧途。經過超度與功德而能回歸正常的路途。活人揣測死人的願望，在形式上幫其完成的做法，都視死者的遺願而定。有些死者尚未升學，有者尚未發財，有者尚未升官，也有者尚未娶妻或嫁人生子。活著的親人都可設法經由許願，或辦理冥婚儀式等事宜，幫其完成心願。也可由活人以象徵性方法幫其完成者，例如幫其孝敬活著的白髮父母，或幫其用心照顧遺孤的弱小兒女等。

壽終正寢是指年齡已大，事業有成，子孫也都長大成人者的死亡。因為年歲已到，死得自然，也就沒什麼遺憾之處。對於壽終正寢的死者，家人的正常做法是按照一般的習俗，將其葬禮盡量辦得風光，使死者備及哀榮。較為富有人家，不惜花錢為死者多做功德，這種功德可增多一些愉快氣氛，不必太多哀傷，甚至會有電子花車上陣，期望死去的老人也能看得哈哈大笑。

永別的悲哀

不論是折壽、枉死或壽終正寢，死亡都是與活人永別。活人自此再也見不到故人的面目，聽不到故人的聲音，不能再目睹其喜怒哀樂的表情。平時與已故之人關係良好，感情融洽的活人，無不覺得悲哀與惋惜。

如果已故的是父母，當為子女者會因再也得不到父母愛護、體諒、與縱容而感到失去關愛的保護者。有良心的子女也會因為對父母的恩情尚未報答，或報答得還不夠，而感到歉意與愧疚。

如果已故的是配偶，則會感念長久的日子以來種種同甘共苦的經驗，再也不可得。如果過去有體貼不周，有虧欠的相待，再也沒有補償的機會。往後尚未走完的人生，可能得孤伶伶的單獨過下去，難免會很孤獨，都會感到悲哀。總而言之，死去的越是親近的人，感到悲哀的程度都會越深。

令活人更感悲哀的莫非是死得冤枉、死得悲慘、死得不該、死得意外、或死得不得其所。這種死亡除令活人感到悲哀外，也感到遺憾。白髮人對黑髮人之死的悲哀常會感到生不如死。許多孝順的兒女看到父母慘死，也常會哭得死去活來，痛苦萬分，感情親密的夫婦或情人見到一方不應該死而死，甚至會抱著屍體不放，直到有人將其拉開。這種悲哀都是人生的至情表現，也是到了能夠忍受的極限。

農民死前的重要掛念與遺言

人之將死，心中難免會有掛念，而將這些掛念當為說出或未說出的遺言。這種掛念可能是其擔心之事或期望之事，也常與其生活的背景與內容有關。農民有其特殊的生活背景與內容，將死之前所掛心也必與之有密切相關。以一般年老農民的立場與心境，最掛心的約有三件事：第一是子孫能保平安，不陷入禍害之災；第二是能保住祖傳田產，使全家人能安身立命；第三是全家人能和睦相處。生前如果知其孫兒都會上進安份，掛慮就不會太多，但如果知其子孫當中有人不很安份，臨死都會很掛慮。

依年老的農民看，兒孫的命運是自己命運的延續，也受自己的做為所影響。對於兒孫前途的好壞，也常會算到自己的頭上。如果後世子孫命運順利，村中的人會認為是其祖先存好心做好事的庇蔭，如果子孫命運不好，則村人會視為是祖先不良罪行的報應。

反過來看，唯有兒孫的日子過得好，在初一十五及忌日才會有人向死去的祖先燒香敬酒。否則如果兒孫的生活不好，日子不好過，大致上也無人有心思並有能力照顧好祖先的靈位。比較看不開的農人會因擔心死後如何受到對待，而掛心兒孫往後日子的好壞。但比較看得開的農民，對兒孫前途掛心只是單純對他們的關愛。

農民擔心子孫能否保住田地祖產的重要原因有兩層：第一是因土地對一家人生計與生命有絕對的重要性，能保住土地就能生產糧食，就不必擔心餓死；第二是維護祖先遺留的地產是一個人最基本的責任與使命，如果連這點祖傳的地產都保不住，表示其行為與能力上出了問題，難怪老農臨終前都會為此表示掛心。

農民的子女相對較多，人多關係就複雜，不同的子女存心也會不同，故也比較容易會有爭端與糾紛。所謂「家和萬事興，家不和萬事休。」多數年老農民都會經歷子女兒孫的複雜關係，其中若有不和諧的情形，會讓老農在臨死之前很掛心。因此也常會要求兒孫要能和諧相處，當為重要的遺囑。兒孫孝順者當然會遵守照辦，不孝者則會將之當成耳邊風，照舊自私自利，不顧手足之情，常讓老農臨死還會感到遺憾。

告別的習慣儀式

人於死後，按照一般禮俗，在出殯之前都會舉行告別儀式。在傳統的農村，這種儀式在習慣上幾乎都是在自家的庭院中臨時用帆布搭架舉行，與在都市裡租用殯儀館的廳堂或在路邊的空地上舉行的情形不同。

農民去世後告別儀式雖有較簡單舉行者，但一般的情形反而比都市人的告別儀式要繁瑣隆重，有的要祭拜多日，且有多種不同職業性的禮儀團體參與，包括做公德、弄車鼓陣、牽亡歌、過奈何橋、誦經文、唱哀歌等的演出，而後才出殯安葬或火化。

出殯當天，子孫親友必會集合在祭典的場所。年紀較大子孫多的死者，祭堂四周會懸掛燈與彩，也會有較多親友贈送花柱、花圈或花籃。死者本人或其家人若在社會上有一點地位者，也常會有官員或民代送來輓聯。在白布或紅布上寫黑色大字，表明死者的德行、功勳、貢獻、與為人的特質與價值。通常喪家會先寄訃聞給有點交情或認識的官吏或民代，收到者都會及時寄來輓聯。也等於為自己打知名度，拉攏人氣，對爭取支持與選票必有幫助。

死者或家人的社會關係較良好者，通常也會有較多家族以外的親友前來參加告別式，典禮的司儀會安排公祭的節目。公祭的單位常以機關團體為名，出席單位可能多人，也可能只有少數人代表。一般公祭的程序是在家祭之後，禮成後即移靈前往埋葬或火化。祭典之後只由至親家屬隨往，其餘親友即可解散。

現代的葬禮儀式約至葬禮完畢後即告結束，但照傳統的禮俗，則於葬禮之後的數日內還得燒一紙屋，供給過世的人安身居住。紙屋的製作方法是先用竹片做成骨架，再被上薄紙。在過去喪家都將紙屋造得較像簡樸的平房農宅形狀，後來則越做越豪華，有者做成洋樓豪宅，屋內有各種現代化的家電用具，也有自用名車，甚至還有佣人及寵物。用意是供給死者能住得舒適，並有好日子過。但死者是否真能享受到，並無人能夠確知。

從土葬到火化的重要變遷

觀看世界各地自古以來，對死人屍體的處理方式都以土葬最為常見。中國的文化中就有「入土為安」之說。明顯說明用土葬才能使大家安心。包括死人及活人的內心都能較平安。

土葬為何能符合多數人的希求與願望，這或許與原來多數人類都以務農為業有關。務農的最基本要素是土地，在耕作生產食物的過程中，人與土地結合一體，既然生時與土地結合，分離不開，死後也希望保持與土地的親密關係，能入土為安。但是為能愛惜土地，不亂埋葬，乃設立公共墓園的制度。唯有較為富有之人，才會為先人建造廣大的私人墓園。也因為公墓用地不足，才在私地下葬。

土地是有限的資源，而死人數目不斷增多，終究死人與活人爭地，死人之間也相互爭地。墓地的供應變為極限，直到無地可葬，乃順勢實行火葬之禮。在臺灣普遍能接受火葬禮俗，約是近半世紀以來的事，與人口出生率及都市化的歷程極有關係。臺灣約在戰後的一九五〇年代及一九六〇年代曾經歷過高出生率的時期。出生人口增多，對於土地需求更為殷切，逼使死人對於土地的分配數量變少，土葬機率變低。高出生率經過約數十年之後，人口老化，隨之死亡人口也變多，加上此時人口已高度都市化，人死後葬身之地更加難求，乃逐漸改由火葬，再撿骨灰送進靈骨塔。如今人死之後要在公墓中找一處空地埋葬，已幾乎不可能找得到。

在火葬風氣開始之初，靈骨塔有供不應求之勢，乃有不少財團投資經營並拉抬價格。一時靈骨塔的建築生意抄得很熱，經常也出現不少用地是非法性，也曾發生過經營倒閉之歪風。這也是臺灣在喪葬禮俗變遷過程中的一個重要插曲。這些建築或產權有問題的靈骨塔，多半是座落在山區，有因侵占公有土地，有因妨礙水土保持，但更多是因為人為糾紛所引發者。

我曾經對農村公墓改革有建議

在一九八一年時，我承接農業發展委員會（農委會前身）的一項委託研究，計劃的名稱為「臺灣現代化農村之設計研究」。報告中有一段我對農村公墓改革提出設計性的建議。建議內容是對舊有公墓的狀況與用法要作些改革。當時我見到農村公墓的情況與管理制度實在很不理想。多半的墓地都已用盡，到處不整齊的墳上都雜草叢生，老鼠與蛇在墓園中穿洞，並藏匿在洞穴中，相當恐怖，使人不敢接近。此時火葬風氣剛起，土葬風氣則還盛行。我對鄉村公共墓地的改革乃有如下的看法：

第一，將墓地公園化，此種概念得自西方公共墓園的啟發。我見過歐美的墓園與臺灣墓園在外觀上的差別甚大，前者都很美化，墓地都很平坦，並未築成凸出的墳塚。我也希望臺灣的墓地能作此改革。向來臺灣的墳墓凸出的形狀可能與擔心淹水、浸水有關，我想如果能將四周排水修好，改成平坦的型式，應無大問題。要美化公墓，則對用地就要作整齊的規劃，不宜胡亂埋葬。

第二，必須要規範墓地的分配與使用。以當時的情況，我覺得最合理的分配與用法是，將十年以上老墳墓中的骨骸撿起，在墓園的一角建一墓厝，將骨灰裝罈存放墓厝中，將空出的墓地供給新過世的人埋葬。如此不願用火化的人，都可循土葬的古禮入土，但占用土地滿十年就得遷出，供做新墳之用地。

第三，公共墓地要美化，必要有人管理，地方鄉鎮公所應該負起此種責任。此項建議必然會被地方政府機關以無錢無人的理由反對。我們並不寄望要有固定的人員駐進墓園中加以管理，但確有必要將公墓的管理納入地方政府的職責與功能中。公家的錢是整個政府分配出來的，見到今日有些都市政府亂花錢的狀況，位於鄉村地方的政府卻都缺錢可用於迫切的事務上。這樣的財政分配不改革，國家與農村怎能現代化？

目前農村地區的公共墓園並未能作較現代化的改革，凹凸不平的墳塚仍然依舊，對墓地的利用也未實行輪流制，墓園美化根本也未做到，卻有一樣進步是，在清明掃墓時節，鄉鎮公所會先派人用割草機或鐮刀對墓園區內的雜草及矮樹清除，便利掃墓的人行走，也算有點改善與進步。

思念是活人與死人的交會點

人死後有無魂魄一向爭論不休，是很難加以驗證的問題。但我相信由死人前來會見活人較為困難，由活人去會見死人則較容易。所指會見並非指去開棺，而是經由思念。思念應是活人與死人的最適當交會之處。

每個人都有些捨不得的死去親人，可能是其愛人、配偶、父母、子女、兄弟、姐妹、好友、師長或敬仰的偉人。因為棄捨不得，乃會想要與其交會，希望還能聽其聲音，看其容貌，溝通心靈感受，或在思想上作交流。要交會最好也最有效的方法是由活人去思念死人。

活人想與死人交會，一定是死人有值得活人念念不忘之處，活人思念他（她），可能因其有情義的連結，有寶貴的價值，有親近的關係，有可效法的地方，或有可尊敬的長處。經由思念而能想起這些情義、價值、關係、效法與尊敬的記憶。也因此能讓死人還在活人身上發生一些有用的影響力，包括給活人作榜樣、提警告、施教、安慰、盡責或改錯等。這樣的生死交會對活人與死人都是好事。

第十七章 農村中的寺廟

為數眾多的寺廟

臺灣的寺廟數量繁多，城市鄉村都有。依據內政部的統計在 2018 年時全臺灣的寺廟共有 12，219 座，其中以道教最多，共有 9，579 座，其次為佛教，共有 2，361 座，其餘有一貫道，共有 208 座，以及少量的其他，包括理教、軒轅教、天地教、天道聖教、彌勒大道教等。有人比擬寺廟比超商還多。在較有規模的農村社區，幾乎每一村都有一座寺廟，其中多數是信奉道教的。

有異農宅的結構與外觀

寺廟的外型與空間結構與一般的農宅頗不相同，都較高大宏偉壯觀，內部陳設也較華麗，閃亮輝煌，門柱都雕刻有對聯，牆壁則都繪畫各種符合神話的圖案。屋頂都建成翹角形狀，並且黏貼色彩艷麗的瓷器亮片，顯得高貴華麗也莊嚴。

較大型的廟宇都設有多數的殿堂與樓層，殿有前後，甚至還有中殿，樓則分成一、二樓，甚至三層以上。規模較大信徒較多的廟宇，還設置廂房，供香客住宿過夜。寺廟的設置與結構也都少不了在寺內或門口設置香爐，供信徒信徒香客插香。在室外設置一處燒金紙的火爐，供信徒燒紙錢，表示對神明的感謝與回饋。不少寺廟除了設置供奉主神的主殿外，還附設其他的殿堂，供奉其他的神明。

多半的農村寺廟也都設有廣大的廟庭，供祭拜時擺設供桌，也可供為舞龍舞獅或鑼鼓團隊敲鑼打鼓玩弄雜耍敬謝神明的活動之地。不少較講究的寺廟，在大殿的對面也設有戲臺，供為演戲謝神，或供村民方便上臺表演才藝之用。

村民的信仰中心與其他功能

農村的寺廟主要的功能與意義是村人的信仰中心，是供奉神明之地。以寺廟中神明的義行為主要信仰、敬拜與效法對象。對男性的神明主要信仰、敬拜、及效法他們的勇敢與義氣等德行。對於女性的神明主要在信仰、敬拜、及效法她們慈祥與包容的愛心與氣度等。村民信徒的信仰行為主要表示在祭典與膜拜上，祭典時常要供奉各種動物性的祭禮與鮮果，膜拜則要持香下跪，表示虔誠。

寺廟包含佛寺或廟宇，供奉的神明包括傳統人物、歷代聖賢與著名人物。臺灣的農村幾乎每村至少有一寺廟，廣義的寺廟也包括宗祠與道觀。信徒到寺廟祭拜，都求能獲得神明庇佑平安賜福。

農村寺廟除了是村人的信仰中心，還扮演多種角色，提供多種功能。重要的有供為村民集會、關懷、休閒、康樂等活動。缺乏專用活動中心的農村，常要借用寺廟開會，討論村中公共事務，甚至用為辦理各種農業推廣活動。在早前政府開始推動鄉村公共衛生時，也常藉寺廟舉辦講習會。平時村人也常利用廟前的康樂臺當為上臺演唱歌曲或表演武術及其他才藝。利用廟庭的廣場作體操、舞蹈、及其他運動或比賽的場地。近來政府在農村地區推動各種文化發展活動，如展示工藝製品或舉辦文教藝術競賽，也都以寺廟當為最合適的舉辦地點。

早前鄉村缺乏學校設施時，寺廟常提供給私塾作為教學的地點，學生就在寺廟的廂房中的一處學習三字經、千字文、及四書五經等傳統古籍的教育與學問。也有寺廟供給地方技藝的師傅傳遞傳統技藝，使徒弟學得一技之長可以謀生糊口，也使可貴的技藝能長久傳承，不致失傳。可說農村的寺廟是匯集鄉村人文的重心所在。

人與寺廟的關係

村民是鄉村寺廟的主要信徒，對於寺廟都會表示虔誠敬奉，將之視為神聖之地，不敢冒犯，且要奉獻。這種關係是建立在人與神之間的關係上。神是主人，人為臣僕。臣僕到主人的生日時都要準備食物蔬果等禮品到廟前祭拜，甚至要舉辦一些讓神明高興的慶典活動。主人的大門也要為臣僕常開，所以寺廟的大門通常日夜都不關閉的，人對神誠心服從，不敢輕易冒犯。但是近來也發現有不良宵小在夜間侵入廟中偷取油香錢的情事，逼得寺廟聖地也不得不裝設俗氣的錄影機，或加鎖，真是地方上的一大糗事。

但人與寺廟的關係還有一層，是將寺廟當為中介，進而與其他的信徒建立更深層的關係。這種更深層的關係包括同為信徒，同為管理人員，同為支持者，也同為消費者等。同為信徒就要對寺廟共同表示敬重，同為管理人員則都要表示負責，同為支持者就要表示共同出錢出力，同為消費者，是指共同利用廟的設施與服務，也就要共同維護。經由這些共同關係，村民之間的關係必然連結得更為緊密，必要更多的合作。這種深層的關係也常擴大到與鄰村的居民之間，甚至更廣，成為地方寺廟的外交關係網。

近來交通發達，鄉村寺廟常與遠地寺廟互相進香，常連結成特殊的友誼關係，廟與廟之間可能結合成兄弟姊妹關係，互相進香，使其信徒也增廣人際關係，與遠地寺廟的信徒互相認識交往並增進友誼。

公共財產

鄉村的寺廟興建資金的來源多元，有先由大戶獨自出資興建的私有寺廟，後來捐給全村，當為公廟的。也有自開始就由村中部分熱心也較有能力的人士合資興建。當然也有一開始就由全村人集資興建者。鄉村的人捐款給寺廟的事大家都很樂意，寺廟一旦變成公共的財產以後，捐款就會陸續不斷，資金也會逐漸雄厚，於是不斷增建擴建，本來很小的廟，有可能變成大廟。

公共性的寺廟財產歸公，就不能由私人掌控。其使用與管理就要有一定的規矩。原則上由一群較公正廉明人士負責管理，這群人可能成為寺廟管理委員會的委員。寺廟既為公共財產，收入都要歸公，支出也要分明。所有收支委員會都要管，政府也要管，不准有私人之手插入其中，挪為私用。

一些較為富有的寺廟，公產的錢財更要公開使用，最常用於地方公共建設，辦理地方公共福利與服務，像是對窮人的就醫與救濟，或對災害的整治，也有發放獎學金給窮苦但優秀的子弟等善舉。富有的寺廟既然有錢可用，就被野心家所側目，試圖介入與干預，常從競選管理委員會主席入手。不善的管理人員就會從中貪污私用，成為不良示範。

爐主及頭家的管理制度

寺廟運作要正常，必要有良善的管理機制，管理的事也就會落在若干專業管理者或熱心的義務工作者身上。通常較有規模的寺廟管理工作都較正式，常設有管理委員會的組織，制定完善的規則，由選舉推舉合法的執行人依規則行事。也有另請專業的會計師或律師當成顧問或兼差，協助處理較複雜的財務或糾紛問題。

一般村中的小廟，大錢大事沒有，但有小錢與雜事，管理的工作就由爐主與頭家執行。爐主與頭家是傳統的寺廟管理組織成員，由村中每戶人家輪流擔任，經擲筊杯決定。得正反杯最多的一人擔任爐主，相當是管理委員會主任委員，次多的若干人為頭家，相當於管理委員，任期大約以一年為限，通常於廟中主神的生日決定更換。

爐主與頭家輪流管理小廟的公共事務是公平的辦法，村中每戶都有機會，且戶戶的機會均等，村人也能相信當選者都有神明認可的主意，合乎虔誠信仰的規範與價值，也能讓全村人心安信服。被選定者也都能因有神明的認可而能心安氣直辦事。但是這種辦法會有些缺陷，擲杯可能擲出不合適的人選，例如能力明顯不足，或家庭條件不允許者，若缺乏更換彈性，勉強擔任，會不稱職，對本人、對大家、對神明都沒好處。

建廟師傅的靈巧手藝與失傳

建築與修護寺廟是一種特殊的手工與藝術，師傅都要經過很專門的訓練，早前都由師徒制度傳承這種手藝，隨著時代的變化，建廟與修廟的手藝與其他許多傳統的技藝都逐漸失傳。老師傅凋零之後少有後繼的傳承者，主要因為技術難學，酬報也不如其他許多新興的工作與產業。當具有傳統技藝的師傅難求之際，新建的寺廟品味就變了質，一般都不再講究舊有的裝飾，不少較繁複困難的技術部分，不得不從簡或更改。有些在都市新建的寺廟，都利用一般的大樓充當，外貌並無寺廟的形狀，只保留內部向廟的陳設。

我小時曾在廟中就讀私塾，看到寺廟修建，見過師傅花了許多功夫，建造廟頂的裝飾與圖案時，使用多種顏色的瓷瓦片，經過細心切割雕琢，造就五顏六色的人物、動物、花卉等美麗圖像，豎立在廟的屋頂上各角落，塑造廟的莊嚴美觀的外貌，使人由衷喜愛敬仰，也佩服師傅的匠心獨到。

廟公的角色與職務

幾乎每座寺廟都有一位廟公的存在，廟公是常住廟中的管理員，主要任務是負責寺廟的香火與輕微的清潔工作，以及一些雜事的安排與管理。各地的廟公有義務不給職的，也有由寺廟支付薪津或工資的。多數的廟公都是本村人，但也有來自遠地的人。既稱呼公，可知都是男性，且年紀都不小，看外表與資歷也都資深，很夠份量。較有年紀與經歷的人，為神明為寺廟做事也較牢靠，都很對得起神明。過去有些廟公是由私塾教師兼任，可以白天在廟中教授學生，早晚燒香關照。後來私塾失傳，教師不見，有些廟公就由徵求得來。近來在農村也的寺廟也出現少有的女性廟婆，負責管理事務。

熱絡的廟會活動

多半的農村寺廟都不寂寞，過些時候就會有活動節目，且幾乎都與宗教有關，但也有攀附性的非宗教性節目。以往常見的宗教性活動有集體拜拜、演戲謝神、乩童作法出示、表演八家將、舞龍舞獅、過火、搶孤、燒龍船、放水燈、放天燈、伐龍舟、炸邯鄲、放蜂炮、放煙火、煮油淨厝、驅逐魔鬼、抬神轎繞境、進香等。辦活動時全村民都要配合，負責擺設香桌，或準備點心。

近來寺廟也常主動或被借用場所舉辦多種非宗教性活動，例如宣導政令，講解推動或執行各種建設事項，包括農業推廣工作，公共衛生、交通安全，社會關懷、文化建設等。也有民間團體借用廟庭舉辦各式各樣的康樂活動，如歌唱比賽、體育競賽、農產品品嘗、商品展示等。在缺乏固定市場的鄉村地區，近來也常以廟宇庭院或附近空地如停車場等發展出黃昏市場，活動時間常延至夜晚方休。

以上列舉的各種宗教性與非宗教性活動都可增添鄉村寺廟的熱絡，但也破壞廟門的清淨，有得有失，如何取捨，就看村民的抉擇。

現代化寺廟設施與財產私有化的變遷趨勢

一些老廟，陳設都較古色古香，但不少歷史較淺的新寺廟，則都較注重內部設施的現代化，日光燈、冷氣、抽水馬桶是很起碼的設備，有些寺廟也能注意設立殘障者專用道。有樓層的寺廟都設有電梯，空地較多的寺廟，也頗講究周邊造景的美化。晚近臺灣新建幾處大型的寺廟，如高雄大樹的佛光山、南投埔里的中臺禪寺，內部與外貌的建築與設備都美輪美奐，其現代化的走向對於農村的小廟不無示範作用。一般小廟雖然難以追逐相比，但也都朝現代化方向改進。這是寺廟的重要變遷之一。

近來鄉村寺廟的另一重要變遷趨勢是財產私有化者越為多見，這類私有寺廟都由財團或資金雄厚的宗教團體發展出來的。建廟之後大門仍會開放，讓民眾膜拜捐獻，但所有權與管理都走向私有化，說穿了不無當為一般企業經營之嫌，隱藏營利的經營目標意圖濃厚。這類寺廟也常走政府對寺廟用地管理較寬鬆的漏洞，將不可建的土地用為建築寺廟，也期待靠經營寺廟生財致富。此一發展趨勢與早期建廟是為村民取得心靈慰藉的初衷大不相同。

第十八章 結合農業與農家生活的農村社區

遍布農業地帶的村落社區

臺灣的農村聚落是結合農業與農家的處所，聚落中的家戶與居民都是經營周邊農地的農業經營者。全臺灣目前共約有 6 千多個農村落，遍布各地，有土地可耕種的地方就有人口分布，多數聚集而居。較大的農村聚落有近千甚至上千戶人家，較小的聚落可能僅有數十戶，甚至十戶不到。聚落的大小與其外圍周邊農地的多少成正比，因為必要有足夠面積的農地養活適當數量的家戶與人口，才會有適量的農戶與人口安定居住。

相對於其他許多開發國家，我們農村聚落或社區的分布相對密集，主要是人與地的比例相對較多。嘉南平原地帶的農村聚落或社區的分布又都相對密集，規模也較大，這又與歷史及區位條件的差異有關。在歷史條件，嘉南平原是全臺最早開發地區，歷史越久，人口與村落的分布也越密集，每一村落傳承的人口也越多。就區位條件看，因為是平原地區，土地對人口的承載能力較大較強，也就形成人口與聚落的分布都較密集。這一地區因為雨季集中在夏季，冬季地下水位相對較深，先人鑿井取水較為困難，聚合較多住戶共同行為，較為容易也較經濟合算。這與臺灣北部山區水位較淺，平地狹窄，較多農戶獨立散居的情形大異其趣。

形成社區的意義與必要性

人口集居的村落也常稱為社區，這是指在一定範圍土地上居住的一群人及其活動的總稱。農村聚落的住民都為農民，其活動主要為農業，他們的聚落成為農村，也稱為農村社區。追溯社區的形成原因，主要是群居有好處，聚落中的人與人之間，家戶與家戶之間，可相互照護與幫助，可使日子與生活過得較為方便，較為豐富，較有意義，也較平安與快樂。最早時期人類群居主要是為能有力抵抗天然限制與猛獸的危害，後來逐漸變為以互通有無，相互互助，獲得方便為主要目的。

歷史上臺灣嘉南平原地區農村聚落的形成也因為能較方便鑿井取水以及抵抗土匪的入侵。也有因為先民在移民初期經由軍事編隊紮營屯墾而形成村落者。有些村落的形成是由同家族的親人一起遷移開墾之後不願分離，定居成氏族村的情形者。

村人經營外圍的農地

農村社區與農業的密切關係是社區中的人擁有及經營外圍與周邊的農地，村民上下午在農田上耕作，中午及晚間回社區中的家屋休息。一般社區中每戶農家擁有田地面積大小與規模大小與周邊農地面積大小有密切關係，人地比例越高，每戶農家擁有的農地面積相對越少，相反地，人地比例越少，農家農地規模會越大。因此從外觀看農村房屋多少與周邊農田面積的分布情形就可判斷當地農戶平均農地面積的大小。

社區周邊的土地也有可能為外村人所有，但畢竟很少，若有這種情形，多半也為鄰村的人。農民離地太遠，來會耕作費時不便，遲早會將土地賣掉。自然調整的結果，鄰近社區的農地終歸最近的村人所有。

組織性的共同生活機制

社區內的人早晚相近，互相認識，也會互相幫助，終會形成一個生活的共同體，過有組織有規矩的社會生活，包括社區內要有共同聚會與活動中心，有管理大眾之事的頭目或領導人，有共同需要的事物，有要共同辦理的事項，有要共同克服的困難與敵人，都迫使村民共同行使，達成目標。社區的人在行使公共性事務時必要分派不同的角色與職務，彼此分工合作。大家都要遵守並依照規矩行事。

過去社區的組織或規矩相對較不正式性，由村中非正式的頭目或領導者怎麼說就算怎麼做，頭目或領導人也都是求公正講道理之人，由他們處理公事，大家都能信服且放心。但是社區組織與規矩的演變過程則都逐漸由非正式演變到較為正式。

依照氏族關係相互稱呼

在農村社區中人與人之間的互動都相當親密，彼此都以氏族關係的傳統方式相稱呼，對於男性長者稱呼伯父、叔叔、或哥哥，對於女性長者則稱呼伯母、嬸嬸或姊姊，少用先生或小姐那種較現代方式卻是較見外的稱呼。

在氏族村中家戶之間或每個人之間都多少有些親屬關係，依氏族關係相稱呼理所當然。但在非氏族村中人與人之間使用氏族關係稱呼也有其正當性，因為經過長期間的歷史發展，每一家庭之間與每個人之間都能牽扯到姻親關係，也就能名正言順使用氏族關係的稱呼法。

合作行為模式

相較於都市社區農村社區中的合作行為相對多見，一來因為實際需要，多半的人以自己的條件或能力無法完成自己想做之事或想要之物，必要與他人交換，獲得他人幫助。交換或幫助有來就有往，經常發生時就成為合作行為。

農村中農民日常生活上最常見的合作行為是相互借用物品、交換與幫忙工作、以及共同從事團體性的建設等。農民之間最常互相借用的物品是農具，最常交換與互相幫忙的工作是農事，最常共同合作從事的團體性建設是有關全村性的公務，例如蓋廟與宗教儀式，建設活動中心與辦理社區公共活動，清理道路水溝，以及建造橋樑等公共設施與環境等。

到了晚近政府農政主管部門為能促進農業與農村的發展，很正式組織農民進行各種農業合作行為，常見的有組設各種農民基層組織推動農業發展與建設。在農業推廣體制下，組織農民設立農事研究班、家政改進班、四健會、農業產銷班等。這些農民基層組織的運作都需要組織成員彼此互相合作，以團體性的活動達成個人無法或難以達成的目標。

農村中的另一種非常重要的合作組織與行為是合作金融。早期弱小農民或農家之間常有相互借錢應急的情形，逐漸發展成較有規則性的合會組織與行為，以致形成後來較具規模的信用合作社以及農會信用部。這些農村中的金融組織都是農民的重要合作團體，供應農家農民需要的農業資金及生活急需，促進臺灣農業發展、農村經濟繁榮與農家生活改善，功不可沒。

保甲制度與村里組織

我出生在日據時代末期，經歷日治時代的保甲制度及國民政府時代的村里制度。保甲制度原為中國自宋代使用帶有軍事管理性質的戶籍管理制度，之後各朝代演變為農村基本政治制度。日治時代改造清朝的聚落自治自衛組織所形成的基層保甲制度，成為地方政治及社會控制的一部份。但這種制度只適用於臺灣平地的漢人，不適用在臺的日本人及原住民。自1898年(明治31年)起，日本政府在臺灣實施保甲條例，規定十戶為一甲，十甲為一保，甲設甲長，保設保正，為無給職，但享有若干權利，保正常有機會兼當甘蔗原料委員，負責保內甘蔗採收工作，可獲得酬勞金。

保甲人民對其他人犯罪負有連帶責任，他人犯罪連帶人會被科以罰金。保甲的任務包括調查戶口，警戒風水災，搜查土匪，預防傳染病，及修橋鋪路等。保甲之下設壯丁團，由17至50歲身體強壯，品行端正的男子組成，用以鎮壓土匪及預防災害。保甲設有事務所，協助執行地方行政事務，最重要的是戶口行政。此外也負責推行國語(日語)，改良風俗，破除迷信，解纏足，戰爭動員及之後的皇民運動。

至1945年戰爭結束，日本政府退出臺灣，國民政府治理臺灣的方法行村里組織，其組織結構及功能與保甲制度大同小異。村里制度主要是改制日治時代的保甲制度而來，將保改為村里，將甲改為鄰，後來持續更動。目前村里的劃分主要依據地理環境，交通運輸，都市計畫及行政區域範圍，依縣市自治條例規範其規模。在偏遠地區一村里只約一百戶，都市地區一里常多至千戶以上。

村里設村里長，設有辦公處，並有一名村里幹事，協助村里長辦理事物。村里長由選舉產生，四年一任，為有給職，並有事務補助費。村里長每二至四個月參加鄉鎮區公所的業務聯繫會議，提供策進村里業務的意見。

村與村之間的關係與活動

在臺灣嘉南平原地帶，村與鄰近村之間因地理相近，很自然會發展出不少密切的往來與友誼性活動，最可能發生的關係有通婚、形成同一學區、吃拜拜、與賽鴿活動等。經長期的歷史演進，到二次世界大戰結束後不久，鄉村居民的主要交通工具主要為牛車及腳踏車，活動的範圍不大，以鄉鎮內的各村里及鄉鎮街為限，許多社會往來與活動也以鄉鎮為範圍。青年鄉民找對象以鄉鎮內或鄰近鄉鎮的異性青年為選取對象，媒人牽的紅線也以這樣的範圍為限。幾乎所有農家的姻親對象都存在同村或鄰村的家庭之間。同村與鄰村的親戚及朋友平時都有較密切的往來，遇到婚喪及神明節慶，也都會與這些同村或鄰村的親戚好友為邀請對象，喜事吃喜酒，喪事互表關切與哀傷，神明節日則吃拜拜。

值得一提的村與村之間的重要往來與活動還有賽鴿，俗稱粉鳥背等比賽，以全村所養的鴿子為單位，互相拼鬥背負最大也最重的風筝決勝負。這類比賽常在秋高氣爽的季節舉行。比賽期間全村人總動員，士氣高昂，一方面要飼養健壯的鴿子參加比賽，二方面則出動大小人力劫持捕捉他村背不動也非不動大筝而落地的鴿子。在生活單調的農村，此類活動極具娛樂性，增添不少生活的情趣，因此成為長久存在的習俗與文化。

社區人口流失的變化

約自 1960 年代以後，臺灣社會起了工業化與都市化的變化，鄉村社區的人力與人口逐漸外流，促成大都市的快速擴展，人口大量增加，大樓、大醫院、捷運等各項有形建設興起，房地產的價格高脹。但鄉村社區的人口流失，出現許多沒人居住的空屋，家園失去照顧，農田粗放，甚至休耕。留住農村的人多數是老人，也有外出謀生的年輕人將幼小的兒女留給年老父母照顧的情形。外出的年輕人於過年過節時會返鄉探望留鄉的年老父母，造成車票難求，乘車擁擠，高速公路大塞車。

後來政府多少有感人口太過集中的缺失，有將人口分散化的必要，不能讓大都市過度膨脹，農村空乏，乃有建設農村的各種政策措施。但是由於農業與農村建設比不上工業與都市發展的步伐與速度，人口集中都市與郊區工業區的趨勢並未能有效阻止，至今農村仍然相對空虛，極必要有較大手筆的發展與建設計劃的救助。曾經開發的許多貼近農村的小型工業區一度具有緩和鄉村人口外流的功效，但隨著中小企業的西進，不少農村地帶的工業區逐漸沒落，吸收工人與人口的效果也逐漸消失。到了晚近新設若干科學園區，至今有若干發展得比較成功者，對吸引人力與人口產生較顯著的功效，但這樣的科學園區因距離都市都不遠，如新竹科學園區臨近新竹市，又促進新竹都會區的形成，無助使人口分散到較偏遠的鄉村地帶。

晚近農村社區的建設與發展

晚近政府感到建設農村社區改善農民生活的重要性，連續推動各種農村社區建設，包括建設硬體的設施，例如公共活動場所、道路、橋樑、民宅等，也包括各種軟體的農業與文化建設，例如各種耕作性、運銷性、民俗性、宗教性、休閒性、娛樂性的活動與節目等。

政府參與建設的方式同時採取自下而上由村民主動申請經費與知識技術協助，也由上而下由政府宣導鼓勵與贊助支持地方社區的全面發展。經過政府的努力以及農村村民共同的動員配合，各地農村社區的外觀與實質生活都有明顯更新與改善，雖然仍不如都市建設與發展的快速，但較以前明顯進步。農村居民的見識與智慧也大為開闊與改進，不再如以前的封閉與保守，對於外在世界頗有深刻的認識與了解，生活程度與品質也大有改善。

後記

寫完此書後我更確認自己原是鄉下人，小時在農村中成長，到初中一年級以後轉到城裡唸書。因父母都住在農村務農，我逢週末或寒暑假都返鄉探親，並向父親要錢支付生活費。返鄉時若遇農忙，也得下田幫忙農事。長期間直接參與農事家務，又在大學時主修農業經濟學，上研究所時主修鄉村社會學，後來又在大學農業推廣學系暨研究所教書做研究，對於臺灣的農業還算相當熟悉，尤其對於農業的工作與農村生活覺得與我的生命息息相關。而今我已過古稀之齡，眼見我所熟悉並富有情誼的農業工作與農村生活逐漸失落，乃覺得有責任加以追憶，為我過去做過的工作與生活過的園地留下紀錄，供為自己及同世代的人回味，也或許可供給子孫與後輩參考或借鏡，對於今後歷代臺灣人民具有尋根的意義與作用。

失落的農業工作與農村生活奮鬥是臺灣人民的根，臺灣人民在這種生活中刻苦耐勞。也從這樣的工作與生活中自然養成堅忍的德性與價值，度過惡劣的外來殖民統治環境而能繼續生存。而今臺灣的經濟條件改善許多，很多人不再從事日晒雨淋的工作，不再過三餐難以吞嚥的日子，卻也逐漸遺忘先人的苦難與偉大。在本書中我就腦中所保存的片段做一些回味，也期望能保留一些臺灣住民的寶貴精神與品格，供今人與後人敬仰與警惕。

我所回顧的農業工作與農村生活是以農業經濟與農村社會為主流的工作與生活。這時代的農業工作與農村生活幾乎分不開，農業工作是農村生活的一大部分，種種農村生活的內容也脫離不了農業工作的色彩。而當時臺灣的農業主要是以家庭為單位的小規模多角化的經營方式，農業與農家、農民及農村的生活內容結合在一起，充滿多采多姿的喜悅，與多種氣味的汗水與苦澀。回味這類工作與生活使人能從欣賞其喜悅而更珍惜生命，從體會其苦難而增益心智，大家若能運用更寶貴的生命，及更長進的心智，便能提供更多的利益與貢獻給人群與社會。

我較熟悉的農業型態是嘉南平原地帶的輪作與混雜農業類型，與山區集中生產水果與茶葉的耕作方式不同，也與濱海地區專注養魚捕魚的工作與生活有差異。嘉南平原地帶的農業是近代臺灣農業的主流，絕大多數臺灣農家與農民所做的工作與所過的生活，都是這種相當典型的方式。所以我回味的農業工作與農村生活，也是同世代多數臺灣住民所經歷的工作與生活的內涵。

混雜的農業型態種植多種作物，也飼養多種家畜與家禽，農家生活的內容很豐富。本書所追憶的農業工作與農村生活先分成上下兩篇，即農業工作篇與農村生活篇，兩篇各再包含許多章節，農業工作部分包括栽種水稻、番薯、甘蔗、雜作、蔬菜、水果，養牛、豬、雞、鴨、鵝與羊群、以及捕魚與養魚 等。農村生活方面則包括忙碌過新年、看郎中顯身手、休閒與娛樂、婚姻、生育與養育、信仰、迷信、疾病與求醫、死亡及其祭典、農村中的寺廟、結合農業與農家生活的農村社區等。這些農業工作與農村生活的內容雖非十分完整，但相差也不遠。

臺灣小農的工作與生活都以家庭為運作單位，農家的主要工作是農業，而農業的特性與價值是崇尚自然規律。農家的主人是農民，而農民的重要特性是厚道與樸實，也是農家生活的重要價值。本書回味農業工作與農村生活，實質上也是在回味這類工作與生活所隱藏的自然、厚道與樸實的特性與價值。這種特性與價值容易為工商與都市社會與人群所遺忘與拋棄，卻是臺灣人民必要追回的重要目標。由追回這種目標便能與工商界重視財富功利與都市人追求物質慾望相調和。

我約在二十年前出版一本《臺灣農業與農村生活的變遷》的專書，先是應《自立晚報》之邀約而撰寫，寫成之後《自立晚報》停刊歇息，乃改由中華民國農民團體幹部聯合訓練協會出版。該書比較注重對總體面資料與內容的分析，故使用不少宏觀的整體性資料，對於個別農村、農家、農場或農民的工作與生活則較缺乏分析與研究，讀者或許會感到見林不見樹。我在序言中提到這種缺失有賴其他有心人或自己於日後較有充裕時間時再加以補齊，我寫本書也有償還當時的心願之意。

在大學裡的農學院學生，都必修「農業概論」的課程，這本書適合作為此類課程的參考用書。修讀作物學、園藝學、畜牧學、農場經營學或管理學、農業經濟學、鄉村社會學、人類文化學與歷史學等的學生，也可從本書看出過去農民農家在各種農事與生活方面的部分寫照，從書中獲得相關的知識與實際方法。這也是本書的另一項用意與目的。

我寫這本書時慶幸有九五高齡的老母親在旁，許多我記憶不清或了解不明的地方，隨時可向母親諮詢與查證。母親像是一本活辭典，幫助我解除許多的疑問，增加本書見證的時間與範圍，使我更深切體會與感受生命根源的意義與珍貴，應更善加利用為人的功能。我希望此書多少能紀念父母親與種田先人與朋友的辛苦與偉大！

國家圖書館出版品預行編目(CIP) 資料

找回臺灣番薯根/蔡宏進著. -- 初版. -- 新竹縣竹北市 : 方集出版社股份有限公司, 2021.12
面 ; 公分

ISBN 978-986-471-333-2 (平裝)

1.農村 2.農業史 3.臺灣

430.933 110020547

找回臺灣番薯根

蔡宏進 著

發 行 人：賴洋助
出 版 者：方集出版社股份有限公司
聯絡地址：100 臺北市中正區重慶南路二段 51 號 5 樓
公司地址：新竹縣竹北市台元一街 8 號 5 樓之 7
電 話：(02) 2351-1607 傳 真：(02) 2351-1549
網 址：www.eculture.com.tw
E-mail：service@eculture.com.tw
主 編：李欣芳
責任編輯：立欣
行銷業務：林宜葶
出版年月：2021 年 12 月 初版
定 價：新臺幣 320 元

ISBN：978-986-471-333-2 (平裝)

總經銷：聯合發行股份有限公司
地 址：231 新北市新店區寶橋路 235 巷 6 弄 6 號 4F
電 話：(02)2917-8022 傳 真：(02)2915-6275